안전한 화학 실험을 위한 수칙

사고 예방과 응급 처치 요령

안전한 화학 실험을 위한 수칙

화학동인 편집부 지음

오승호 옮김

BM 성안당

사고 예방과 응급 처치 요령

안전한 화학 실험을 위한 수칙

JIKKEN WO ANZEN NI OKONAU TAMENI DAI 8-HAN edited by Kagaku-Dojin Hensyubu
Copyright © Kagaku-Dojin Publishing Company, Inc. 2017.
All rights reserved.
Original Japanese edition published by Kagaku-Dojin Publishing Company, Inc., Kyoto.
This Korean language edition is published by arrangement with Kagaku-Dojin Publishing Company, Inc., Kyoto in care of Tuttle-Mori Agency, Inc., Tokyo through Imprima Korea Agency, Seoul.
Korean translation copyright © 2019 by Sung An Dang, Inc.

제8판의 간행에 즈음하여

　본서는 1975년에 제1판을 간행한 이래 실험 중 일어나는 사고·재해의 방지, 응급 처치 등을 소개한 가이드북으로서 초보자들이 반드시 휴대하고 읽어야 할 도서로 장려되어 왔다. 그 사이 기기의 진보나 실험실을 둘러싼 환경의 변화에 대응할 수 있도록 거듭 개정되었으며 최근 들어 새로운 물질이나 장치의 이용이 증가하고 또 법규제가 강화되어 실험에 종사하는 사람의 책무가 한층 무거워졌다.

　이런 변화에 대응하기 위해 내용을 전면적으로 재검토하고 대폭적인 개정 작업을 통해 제8판을 간행하게 됐다. 개정된 주요 사항은 다음과 같다.

- 새로운 법규의 제정, 법규의 명칭 변경이나 규제 내용의 강화 등을 반영하여 내용을 일신했다.
- 노동안전위생법 관계 법령의 개정이나 SDS, GHS의 보급에 대응해 화학물질의 보관이나 리스크 관리 항목을 추가했다.
- 환경 문제를 중시해 환경기본법의 개념과 안전 확보를 폐기물 처리의 기본 방침으로 추가했고 환경 관계 법령 대응 사항도 포함했다.
- 교육·연구기관의 폐액 외부 위탁 처리 비율 증가 추세를 반영하여 화학물질 및 폐액 취급법을 보다 실용성 있게 개정했다.
- 방사성 물질, 방사선에 관해 자세히 다루었다.
- 재해 대책, 특히 지진 대책에 대해 동일본 대지진의 사례도 포함시켜 보완했다.
- 2색 인쇄로 편집하고 문자 크기에 변화를 주거나 그림을 다시 그리는 등 보기 쉽게 디자인했다.

이 책의 독자를 초보자라고 가정하고 이해하기 어려운 표현이나 부정확한 표현 등은 자제하는 등 세심한 주의를 기울였다.

제1판 간행부터 이번 개정까지 많은 분들로부터 진심 어린 지원과 조언을 받았다. 다시 한 번 진심으로 감사를 표한다.

2017년 2월

화학동인 편집부

차 례

2장 실험실에서 발생하는 폐기물

3장 위험한 장치의 취급

4장 응급처치법

5장▶ 재해 대책

0장 실험을 위한 기본적인 주의 사항

실험은 위험을 수반한다. 아무리 작은 실험이라도 방심을 해서는 안 된다. 사고가 발생하면 물적·육체적인 피해뿐 아니라 정신적인 타격도 크다. 자신은 물론 타인까지 피해를 입게 되는 경우를 생각하면 사고가 나지 않도록 최대한 주의해야 한다.

0 실험 전 알아둬야 할 일, 습득해둬야 할 일

특히 연구실에 배속되었을 때나 실험실에서 실험을 할 때는 다음의 사항을 확인하지 않은 채 실험을 시작해선 안 된다.

① 긴급 시에 멈추어야 할 개폐장치나 스위치 등의 위치와 조작법을 알고 있는가?

② 소화기, 긴급 샤워기나 세안설비의 위치와 조작법을 알고 있는가?

③ 방 출입구, 비상계단, 방화문 앞, 화재경보기 앞, 복도, 베란다에 물건을 두지 않았고 실험실은 정리 정돈되어 있는지, 또 퇴피로는 확보되어 있는가?

④ 응급처치법 및 구급상자나 AED의 위치와 사용법을 알고 있는가?

⑤ 긴급 시의 연락 방법 및 의료기관이 게시되어 있는가?

⑥ 작업에 적절한 보호복(불타기 어려운 무명이나 양모)을 착용해 피부를 보호하고 있는가?

⑦ 실험실에 입실할 때는 보호안경을 착용하고 있는가?

⑧ 실험실에서 음식물 섭취나 흡연은 금하고 있는가?

① 항상 실험의 위험도를 예상해 대처한다

사고는 예지할 수 없지만 위험은 예지할 수 있다. 선배들의 경험을 문헌이나 지도를 통해 답습하는 동시에 미지의 실험을 통해서도 유사한 예로부터 위험을 추측해 대책을 세울 수 있어야 한다.

① 화학물질, 고압가스, 레이저 등의 위험성·유해성을 확인했는가?
② 장치나 조작의 위험성에 대응한 방법으로 취급했는가?
③ 반응의 위험성에 대응한 방법으로 취급했는가?
④ 미지의 반응 및 조작은 없는가?
⑤ 복합 위험이 있는 실험(화재와 독가스 발생 등)은 없는가?
⑥ 반응 조건(고온, 고압 등)은 가혹하지 않은가?

② 지도자의 지시에 따라야 하며 무리한 실험을 해선 안 된다

무리한 스케줄은 사고의 근원이다. 실험에 무리는 금물이다.

① 지도자와 커뮤니케이션은 제때에 취할 수 있는가?
② 실험 공간은 충분한가?
③ 실험은 여유를 가지고 계획했는가?
④ 실험 중 자리를 떠나는 일은 없는가?
⑤ 야간에 단독 실험할 일은 없는가?(야간의 단독 실험은 절대 금지)

③ 실험에는 철저한 준비가 필요하다

장치의 미비 체크도 포함해, 실험 전에 부족한 점은 없는지 확인한다.

① 약품에 문제는 없는가? 라벨은 틀림 없는가? 품질은 괜찮은가?
② 실험기구, 장치, 전기 배선, 가스, 냉각수 라인 등은 양호한가?
③ 냉각수의 유량은 괜찮은가, 배관으로부터 누설은 없는가?
④ 환기 상태는 좋은가? 드래프트는 돌고 있는가? 조명은 충분한가?
⑤ 인화성, 역연성, 가연성 물질은 없는가?
⑥ 보호안경·장갑은 착용하고 있는가?
⑦ 위험한 실험을 실시할 경우 주위 사람에게 알렸는가?

④ 실험 뒤처리를 소홀히 하지 말라

뒤처리도 실험의 일부이다. 필요한 뒤처리를 게을리하지 말아야 한다.

① 남은 시약은 원래대로 보관했는가?

② 용제를 회수했는가?

③ 실험장치의 뒤처리와 기구는 세정했는가?(냉각수는 정지할 것)

④ 폐수나 폐기물질을 적절히 처리했는가(기구 세정수를 포함한 약품류는 개수대에 버리지 않는다). 특히 실험실 밖으로 배출하는 경우 끝까지 지켜본다.

⑤ 기록을 정리했는가?

⑥ 최종 퇴실자는 실내외의 점검(실험기구, 장치의 상황, 철야 실험의 유무, 가스, 수도, 문단속)을 제대로 했는가?

⑤ 사고가 일어나면

① 당황하지 말고 사람을 불러 처리를 의뢰한다.

② 화재가 났을 때는 적절한 소화기로 초기 소화에 노력한다. 용기 내 초기 화재는 뚜껑을 닫는 질식소화가 유효하다. 의복에 불이 붙었을 때는 곧바로 끝거나 긴급 샤워를 사용하든가, 즉시 복도로 나와 마루에 뒹굴어 끈다.

③ 약품류가 눈으로 들어갔을 때, 피부에 묻었을 때, 화상을 입었을 때는 즉시 15분 이상 흐르는 물로 환부를 씻은 뒤 곧바로 의료기관의 진찰을 받는다.

1장 위험한 물질과 유해한 물질

1.1 처음에

화학물질은 실험실에서 사용하는 경우에는 「시약」이라고 부르며 각각 고유의 다양한 위험 요인을 갖고 있다. 정도의 차이는 있지만 '절대 안전'한 것은 없다. 화학물질은 화재나 폭발의 우려가 있는 위험한 물질 및 사람의 건강에 유해한 물질이나 환경을 오염시킬 우려가 있는 물질이라고 보아 다음 표 1.1과 같이 구분하여 각각의 법령에 의해

표 1.1 위험한 물질과 유해한 물질의 구분과 관계 법령

분류		특징	관계 법령
위험한 물질	위험물	발화, 인화, 기폭하기 쉽고 화재, 폭발을 일으킬 우려가 있는 액체나 고체	소방법, 화약류단속법, 노동안전위생법
	고압가스	가압, 액화 등으로 취급되어 급격한 체적 팽창의 우려가 있는 기체. 화재, 폭발 또는 중독, 산소 결핍을 일으킬 우려가 있는 것	고압가스보안법, 노동안전위생법
유해한 물질	유해물질	강한 독성이 있어 급성 중독을 일으키는 것부터, 약한 독성이면서 장기간 계속 섭취하면 건강 장해를 일으킬 우려가 있는 것까지 사람의 건강에 유해한 것	독물 및 극물 단속법, 노동안전위생법 관련 제 규칙(유기칙, 특화칙, 납칙, 4에틸납칙, 석면칙, 분진칙), 노동기준법(여성별), 의약품 의약 기기 등 법
	환경오염물질	환경에 배출되면 사람의 건강이나 생태계에 현저하게 영향을 미칠 우려가 있는 것	공해환경 관련 모든 법령

규제를 받는다.

덧붙여 노동자 보호라고 하는 측면에서 화학물질에 대해 「노동안전위생법」 관련 법규가 규정되어 있다. 일찍이 국립대학에서는 종사자의 건강과 안전을 확보하기 위한 법률은 인사원 규칙 10-4(직원의 건강 및 안전 유지)였지만, 독립행정 법인화 이 후에는 「노동안전위생법」 관련 법규가 적용되고 있다. 기본적으로는 정합성이 취해져 있지만 「노동안전위생법」 관련 법규에서는 보다 구체적인 사항을 규제하고 있는 것, 또 벌칙 규정이 있는 것 등의 차이가 있다. 학생 등 실험을 배우는 입장에서 알아야 할 내용은 다음과 같다.

1.1.1 노동안전위생법

일본의 고도 경제 성장기에 노동 재해가 급증하던 1972년, 노동 재해 방지, 직장 내 노동자의 안전과 건강 확보 및 쾌적한 직장 환경의 조성을 목적으로 「노동안전위생법」이 법제화되었다. 이 목적을 달성하기 위해 방지 기준의 확립, 책임 체제의 명확화, 자주적 활동의 촉진 등을 종합적, 계획적으로 추진한다는 취지이다. 그 결과 사상자 수, 사망자 수 모두 제정 당시보다 큰 폭으로 감소했지만 최근에는 감소 경향이 완만하게 진행되고 있다(표 1.2).

표 1.2 노동 재해 사망자 수

년	사상자 수(휴업 4일 이상)	사망자 수
1980	335,706명	3,009명
1990	210,108명	2,550명
2000	133,948명	1,889명
2010	107,759명	1,195명
2014	119,535명	1,057명

「노동안전위생법」의 관련 규칙으로는 「유기용제 중독 예방 규칙(유기칙)」, 「특정 화학물질 장해 예방 규칙(특화칙)」, 「납중독 예방 규칙」, 「사알킬납 중독 예방 규칙」, 「분진 장해 방지 규칙」, 「석면 장해 예방 규칙」, 「전리 방사선 장해 예방 규칙(전리칙)」, 「산소 결핍증 등 방지 규칙」이 있다.

● 유기칙과 특화칙은 일상적으로 화학 실험실에서 사용되는 화학물질의 대부분을 대상으로 하고 있어 유익한 기준이 된다. 특히 이러한 화학물질은 그 성질과 상태에

대응한 성능을 가지는 드래프트 등의 국소 배기 장치 중에서 취급하도록 기준이 정해져 있다.

- 납중독 예방 규칙, 4알킬납 중독 예방 규칙, 분진 장해 방지 규칙, 석면 장해 예방 규칙에서는 이와 관련한 유해 화학물질 취급 기준이 규정되어 있다.
- 방사성 동위 원소나 X선 등을 이용하는 실험은 전리 방사선 장해 예방 규칙(전리칙)의 적용을 받는다.
- 산소 18% 미만을 산소 결핍 상태라고 하고 산소 결핍증 등 방지 규칙으로 방지 대책을 나타내고 있다. 실험실이 직접 대상이 되는 케이스는 없지만 한정된 공간에서 액체 질소, 액체 헬륨, 드라이아이스 등을 취급할 때 등에 산소 결핍 상태가 일어나면 사망으로 이어질 확률이 높기 때문에 충분히 유의해야 한다.

이들 법령은 사회 전반에서 화학물질의 제조, 판매, 저장, 수송, 사용, 폐기 등을 규제하는 것으로 교육·연구기관을 대상으로 하지 않는 부분도 있다. 교육·연구기관은 다수의 독립된 연구 그룹의 집합체이며 소량·다품종의 화학물질을 취급하는 특징이 있다. 이것은 대량·소품종을 취급하는 공장 등과는 성질이 크게 다르다. 그러나 소량의 경우에도 사고를 방지하기 위해 해당하는 화학물질을 사용, 보관, 폐기할 때는 관계 법령을 구체적인 기준이라고 생각하고 취급하는 것이 바람직하다. 또 교육·연구기관에서는 연구 그룹 단위로 취급하는 화학물질량은 적어도 대학 등의 법인 기관으로서는 법 대응이 필요한 경우가 많은 점에 주의할 필요가 있다.

한편, 새로운 화학물질로 사례가 없기 때문에 법령의 대상에서 제외된 물질도 있지만 그러한 경우도 위험도를 예측해 대처해야 한다.

1.1.2 위험물이나 유해물 취급 시 일반적 주의 사항

(1) 처음으로 취급하는 물질은 그 위험성이나 유해성을 미리 조사하여 숙지해 두지 않으면 안 된다. 위험물은 화재·폭발성을 가지며 사람의 건강 등에 악영향을 주는 것이지만 화학물질은 다양한 성질을 가지고 있어 화재·폭발에만 주의해서는 안 된다. 동일 물질이 위험성과 유해성을 동시에 가지는 것이 많다.

> ! 벤젠은 화재·폭발성 위험물인 동시에 사람에 대해 중독이나 발암을 일으킬 수 있는 유해물질이다.

많은 화학물질에 대해 다양한 데이터가 축적되어 있다. 특히 종합적인 정보로 「안전 데이터 시트」(SDS; Safety Data Sheet) 및 「국제 화학물질 안전성 카드」(ICSC; International Chemical Safety Cards)가 있고(1.7절 참조), 인터넷에서 입수할 수 있다(표 1.3).

(2) 법령으로 규제되고 있는 물질 및 이와 유사한 물질은 법령을 기준으로 신중하게 취급하되, 특히 다음 사항에 유의한다.

① 휘발성이 강한 화학물질이나 분진 등 유기칙이나 특화칙 등의 대상 화학물질은 국소 배기 장치에서 취급한다. 국소 배기 장치는 드래프트 개구면의 풍속(제어 풍속이라고 한다)이 유기칙 0.4m/초, 특화칙 0.5m/초로 의무화되어 있으며 사전에 확인해야 한다. 덧붙여 드래프트의 배기가스도 처리 기준이 정해져 있다.

② 필요한 작업의 기준을 정하고 준수할 것.

③ 필요한 작업 환경 측정을 정기적으로 실시할 것.

④ 필요한 건강 진단을 실시할 것.

(3) 특히 주의가 필요한 물질에 대해서는 각각의 기관에 내규가 정해져 있으므로 숙지해 두는 것이 중요하다.

(4) 위험물이나 유해물을 사용하려면 재해를 예상해 충분한 방호 수단을 생각한다. 특히 주의가 필요한 경우는 소량으로 예비 실험을 실시하면 좋다.

(5) 만약 사고가 일어났을 때는 피해를 최소화하도록 처치하는 것이 필요하지만 인명과 관련되는 경우는 인명 구조를 최우선으로 한다. 응급처치는 기관별로 결정되어 있으므로 미리 알아 두는 것이 중요하다.

(6) 또 「수질오탁방지법」에 정해진 유해물질이나 지정 물질 사용 시에 누설 사고 등이 발생할 경우는 각 기관에서 관계 자치단체에 신고해야 하기 때문에 즉시 책임자에게 알려야 한다.

(7) 사용을 마친 제 물질의 폐기는 법령에 따라 실시한다. 특히 배수로 방류해서는 안 된다.

(8) 위험물이나 유해물을 분실했을 때는 각각의 기관에서 관계 자치단체 등에 신고해야 하기 때문에 즉시 책임자에게 알려야 한다.

(9) 시중에 판매되는 용기에 들어 있는 위험물이나 유해물은 「세계 조화 시스템; GHS」(1.7절 참조)에 따라 표시된다.

표 1.3 화학물질에 대한 정보원

화학 문헌 조사 방법	화학 문헌의 조사 방법(제4판) 인터넷 시대의 화학 문헌과 데이터베이스의 활용법	화학동인(1995) 화학동인(2002)
일반 서류	화학 대사전 화학 대사전 Merck Index 제15판 화학 편람 개정 5판 기초편(I) 화학물질 팩트 시트 2003년도판부터 차례로 추가	공립출판(1971) 토쿄화학동인(1994) Merck & Co. (2013) 마루젠(2004) 환경성 환경보건부 환경안전과
소방법 위험물	http://www.fdma.go.jp	소방청
독물 극물	http://www.nihs.go.jp/law/dokugeki/dokugeki.html http://www.nihs.go.jp/hse/chem-info/index.html https://toxnet.nlm.nih.gov/	(독일) 국립의약품 　　　식품위생 연구소 미국 TOXNET
지정 약물	http://www.mhlw.go.jp/seisakunitsuite/bunya/ kenkou_iryou/iyakuhin/yakubuturanyou/dl/ meisho.pdf	후생노동성
PRTR 대상 물질	http://www.env.go.jp/chemi/prtr/archive/target _chemi.html http://www.meti.go.jp/policy/chemical_ management/law/prtr/2.html	환경성 경제산업성
리스크 평가	http://anzeninfo.mhlw.go.jp/ http://anzeninfo.mhlw.go.jp/user/anzen/kag/ ankgc07.htm	후생노동성(직장의 안전 사이트) 후생노동성(화학물질의 위험률 평가 실시 지원 툴)
폐기물	http://www.zensanpairen.or.jp/index.html http://www.pref.osaka.lg.jp/jigyoshoshido/ report/shiryo.html#shiori	전국 산업 폐기물 연합회 「폐기물의 처리 및 청소에 관한 법률」 (오사카부)
화학물질 전반 (SDS 등)	http://w-chemdb.nies.go.jp http://cerij.or.jp http://www.nite.go.jp/chem/chrip/chrip_ search/systemTop http://www.jetoc.or.jp http:www.jisha.or.jp/ohrdc/ra.html http://www.nihs.go.jp/ICSC/ http://www.k-erc.pref.kanagawa.jp/kisnet/	(독일) 국립 환경연구소 (화학물질 데이터베이스) (재) 화학물질 평가 연구 기구 (독일) 제품 평가 기술 기반 기구(화학물질 종합검색 시스템) (사)일본 화학물질 안전 ·정보 센터 중앙 노동 재해 방지 협회 (화학물질 등의 위험률 평가) (독일) 국립 의약품 식품 위생 연구소(국제 화학 물질 안전성 카드 ICSC, 일본어판) 가나가와현 환경 과학 센터(화학물질 안전 정보 제공 시스템)

1.2 · 위험물

위험물은 화재나 폭발을 일으키는 물질이다. 「소방법」에서는 위험물을 표 1.4와 같이 분류하고 있어 규제를 받는다.

소방법에 따르는 위험물은 고체와 액체를 대상으로 하고 있고 기체는 다음의 1.3절의 「고압가스보안법」에 따라 규제된다. 또 「화약류단속법」은 폭발을 목적으로 한 물질을 취급한다. 위험물을 단속하는 법령은 상기 외에 노동자의 안전 확보를 위한 「노동안전위생법」(위험물로서 폭발성, 발화성, 산화성, 인화성의 각 물질과 가연성 가스로 구분해 규제)이 있다.

또 수송의 안전 확보를 위한 항칙법이나 항공법, 철도법, 도로운송차량법 등이 있고, 상세한 규칙이 마련되어 있다.

표 1.4 소방법에 따르는 위험물의 분류

가연성 분류	특 징	물질의 예
제1류 산화성 고체	산소를 내서 가연물과 반응해 화재, 폭발을 일으키는 고체	염소산염류, 과산화나트륨 등
제2류 가연성 고체	저온에서 인화, 발화하기 쉬운 고체	적린, 금속가루 등
제3류 자연 발화성 물질 및 금수성 물질	공기 또는 물과 반응해 발화하는 물질	수소화리튬, 금속나트륨 등
제4류 인화성 액체	인화하기 쉬운 액체	에테르, 가솔린, 등유 등
제5류 자기 반응성 물질	열이나 충격으로 발화, 연소, 폭발을 일으키는 물질	질산에스테르, 과초산 등
제6류 산화성 액체	가연물과 반응해 그 연소를 촉진하는 액체	과염소산, 과산화수소, 불화염소 등

1.2.1 산화성 고체(소방법 위험물 제1류, 표 1.5)

산화되기 쉬운 물질(가연물, 유기물, 환원성 물질, 금속가루 등)과 혼합해 가열하면 발화해 격렬하게 연소하는 고체 산화제로 다음과 같은 폭발 위험성이 있다.

【위험성】

① 물질 자체가 불안정해 가열, 충격, 마찰로 폭발한다.

② 산화되기 쉬운 물질과 혼합하면 가열, 충격, 마찰로 폭발한다.

③ 강산을 더하면 폭발한다.

표 1.5 주요 산화성 고체(위험물 제1류)

〔 〕안의 숫자 : p.9의 【위험성】 번호, 독 : 독성, 부 : 피부의 부식성

물질명	예시된 화합물
염소산염	$NaClO_3$ 〔①②③⑤〕, $KClO_3$ 〔①②③, 독〕, NH_4ClO_3, $Ba(ClO_3)_2$, $Zn(ClO_3)_2$, $Pb(ClO_3)_2$, $AgClO_3$, $HgClO_3$, 이상〔①②③〕
과염소산염	$NaClO_4$, $KClO_4$, NH_4ClO_4, 이상〔①②③⑤〕
아염소산염	$NaClO_4$, $KClO_4$, $Cu(ClO)_2$, $Pb(ClO_2)_2$, 이상〔②③〕
차아염소산염	$Ca(ClO)_2$: 표백분〔②〕
브롬산염	$KBrO_3$ 〔①②〕, $NaBrO_3$, $Mg(BrO_3)_2$., $Ba(BrO_3)_2$, 이상〔②〕
요오드산염	$NaIO_3$, KIO_3, $Ca(IO_3)_2$, $Zn(IO_3)_2$, 이상〔②〕
과요오드산염	$NaIO_4$〔②〕
과망간산염	$NaMnO_4$, $KMnO_4$, NH_4MnO_4, 이상〔②③〕
중크롬산염	$Na_2Cr_2O_7$, $K_2Cr_2O_7$, $(NH_4)_2Cr_2O_7$, 이상〔②〕
질산염	$NaNO_3$, KNO_3, $Ba(NO_3)_2$, 이상〔②〕〕, $AgNO_3$〔②, 부〕, NH_4NO_3〔①②〕
아질산염	$NaNO_2$, KNO_2, 이상〔②〕
무기과산화물	Li_2O_2, Na_2O_2, K_2O_2, 이상〔②④, 부〕, MgO_2, CaO_2, SrO_2, RbO_2, CeO_2 이상〔②〕, BaO_2〔②, 독〕
퍼옥소이황산염	$(NH_4)_2S_2O_8$〔②〕
퍼옥소붕산염	NH_4BO_3〔②③〕
Cr·Pb·I의 산화물	CrO_3〔②③, 부〕, PbO_2〔②, 독〕, I_2O_5〔①②〕
기타	$C_3N_3O_3Cl_3$(3염화이소시아눌산)[*1]〔②〕 $HIO_4 \cdot 2H_2O$(메타과요오드산)〔②〕 탄산나트륨 과산화수소 부가물(과탄산나트륨)〔①②〕

*1 Trichloroisocyanuric acid

④ 물과 격렬하게 반응해 발열하고 양이 많으면 폭발 우려가 있다.

⑤ 조해성이 있고 나무나 종이에 스며들었다가 건조하면 폭발할 수 있다.

【취급법】

① 화기나 열원으로부터 멀리하고 뚜껑을 달아 냉암소에 저장해 충격을 받지 않도록 한다.

② 산화되기 쉬운 물질과 혼합하거나 산 또는 물과 접촉시키지 않는다.

③ 조해성이 있는 것은 밀봉해 해 방습에 유의한다.

④ 불안정한 것은 장기간 보관하지 않는다.

【방호법】

폭발 우려가 있을 때는 매우 소량이어도 방호 안경이나 안면 보호판을 착용해 폭발해도 문제가 없는지 확인해 두어야 한다. 양이 조금 증가했을 경우는 방폭벽을 이용해 원격 조작을 하는 등 사전에 충분히 검토해야 한다.

【소화법】

화재가 나면 일반적으로 대량의 물을 부어 냉각 소화한다. 알칼리 금속과산화물에는 물은 부적합하므로 분말 소화기(탄산수소염류 등)나 건조 모래를 이용한다.

> **사고예** ◆ 바닥에 쏟은 염소산칼륨을 밟아 발화했다 ◆ 과산화나트륨을 종이 안에 소량 덜어 싸려고 하다가 마찰로 발화했다. ◆ 염소산나트륨이 든 병을 떨어뜨려 발화했다. ◆ 과망간산칼륨에 묽은 염산을 더해 염소를 발생시키던 중 반응이 급속하게 빨라져 폭발했다. ◆ 캔의 무수 크롬산을 꺼내려고 망치로 두드리는 순간 발화했다. ◆ 무수 크롬산에 아세톤을 첨가하자 폭발적으로 발화했다(알코올, 에테르를 첨가해도 마찬가지의 우려가 있다).

1.2.2 **가연성 고체**(소방법 위험물 제2류, 표 1.6)

저온에서 인화하기 쉽고, 인화하면 격렬하게 연소하는 고체로 다음의 경우에는 자연 발화, 폭발, 유독 가스 발생 우려가 있다.

【위험성】

① 산화제와 혼합하면 폭발 우려가 있다.

② 분진에 인화하면 폭발할 수 있다.

③ 강한 마찰에 의해 발화한다.

④ 공기 중의 습기나 기름걸레, 절삭 찌꺼기와 접촉하면 자연 발화한다.

⑤ 물과 반응하거나 연소했을 때 유독 가스를 발생한다.

【취급법】

① 화기, 열원으로부터 멀리하고 냉암소에 보관하며 산화성 물질과 접촉시키지 않는다.

② 황화린과 금속가루는 특히 수분과의 접촉을 피한다.

【방호법】

다량을 취급할 때는 마스크와 장갑을 착용한다.

【소화법】

물과 접촉해 발화 또는 유독 가스나 가연성 가스를 발생시키는 것은 모래 또는 분말 소화기를 이용한다. 그 이외(적린, 유황 등)는 주수 소화가 좋다. 소량일 때는 CO_2 소화기도 사용할 수 있다.

표 1.6 주요 가연성 고체(위험물 제2류)

〔 〕안의 숫자 : p. 11의【위험성】번호, 독 : 독성

물질명	예시된 화합물
황화린	P_4S_3, P_4S_7, 이상〔③⑤〕, P_2S_5〔⑤〕
금속분말	Fe, Al, Zn, Mg, 이상〔①②〕
기타	P_n(적린)〔①②〕, 독〕, S_n〔①②④⑤〕 인화성 고체(고형 알코올, 래커 퍼티, 고무 접착제 등) 〔①〕

1.2.3 자연 발화성 물질 및 금수성 물질(소방법 위험물 제3류, 표 1.7)

공기에 노출되어 자연 발화하거나 물과 접촉해 발화하여 가연 가스를 발생시키며 다음과 같은 위험이 있다.

【위험성】

① 공기와 접하면 자연 발화한다.

② 물과 격렬하게 반응해 발화하고 때로는 폭발해 비산한다.

③ 산화제와 혼합하면 폭발 우려가 있다.

④ 물과 반응해 가연 가스를 발생시키며 인화 우려가 있다.

⑤ 연소하면 유독 가스를 발생한다.

【취급법】

① 자연 발화성 물질은 공기와 접촉하지 않게 밀봉하고 가연물로부터 멀리 떨어뜨려 보관한다. 특히 물이나 석유의 보호제로 침적하거나 불활성 가스로 봉입한 것은 외통에 넣고 파손에 주의한다.

② 금수성 물질은 수분과 접하지 않게 밀봉해 바닥면보다 높고 건조한 냉암소에 보관한다. 이들 대부분은 자연 발화성 물질이기도 하므로 ①의 주의도 필요하다.

③ 용제로 희석한 것은 용제의 증발에 주의한다.

【방호법】

직접 손으로 만져서는 안 된다. 핀셋이나 고무장갑을 이용하고 독성이 강한 것은 방독 마스크를 착용한다.

【소화법]

일반적으로 건조 모래, 금속 전용 소화기를 사용한다. 탄산수소염류의 분말 소화기는 좋지만 주수나 수계 소화기 사용은 엄격히 금지한다.

표 1.7 주요 자연 발화성 물질과 금수성 물질(위험물 제3류)

〔 〕안의 숫자 : p.12의 【위험성】 번호(번호 뒤는 발생 가스). 독 : 독성, 부 : 피부의 부식성

물질명	예시된 화합물
알칼리 금속 알칼리토류 금속	Li〔④–H_2〕, Na, K, 이상〔①②–H_2, 부〕 Ca, Ba, 이상〔②–H_2〕
알킬알루미늄 알킬리튬 알킬아연	$(CH_3)_3Al$, $(C_2H_5)_3Al$, $(C_3H_7)_3Al$, 이상〔①②–C_nH_{2n+2}〕, $(C_2H_5)AlCl$, $(i-C_4H_9)_3Al$, $C_2H_5AlCl_2$, $(C_2H_5)_2AlH$, 이상〔④–C_nH_{2n+2}〕 CH_3Li, C_2H5Li, 이상〔①②–C_nH_{2n+2}〕 $(C_2H_5)_2Zn$〔①②–C_2H_6〕
금속 수산화물 금속 인화물 금속 탄화물 인 염소화규소화합물	LiH〔④–H_2〕, NaH〔③④–H_2, 독〕, CaH_2〔③④–H_2, 독〕 Ca_3P_2〔②–PH_3, ⑥, 독〕 CaC_2〔②–C_2H_2〕, Al_4C_3〔②–CH_4〕 P_4(황린)〔①⑤, 독, 부〕 $SiHCl_3$〔①③④–HCl, 독〕

1.2.4 인화성 액체(소방법 위험물 제4류, 표 1.8. 표 1.9)

인화성이 있는 액체로 인화성의 강도에 따라 표 1.8처럼 구분된다. 표 1.8의 구분에 관계없이 다음과 같이 폭발이나 장해의 위험이 있다.

표 1.8 인화성 액체의 구분

구분	인화성의 강도
특수 인화물	1기압에서 발화점이 100℃ 이하 또는 인화점이 −20℃ 이하로, 비점이 40℃ 이하인 것
제1석유류	1기압에서 인화점이 21℃ 미만인 것(실온에서 인화성이 높다)
알코올류	탄소 수 3 이하인 1가 알코올(위와 같음)
제2석유류	1기압에서 인화점 21∼70℃ 미만인 것(가온 시에 인화한다)
제3석유류	1기압, 20℃에서 액체이며, 인화점 70∼200℃ 미만인 것(가열 시에 증기는 분해 가스에 인화한다)
제4석유류	1기압, 20℃에서 액체이며, 인화점 200℃ 이상인 것(위와 같음)
동식물유류	1기압, 20℃에서 액체의 동식물로부터의 기름으로 인화점 250℃ 미만인 것(위와 같음)

표 1.9 주요 인화성 액체(위험물 제4류)

〔 〕 안의 숫자 : p.13의【위험성】번호, 부 : 피부의 부식성

물질명		제시된 화합물
특수 인화물		$C_2H_5OC_2H_5$〔①②③⑥⑧〕, CS_2〔①②⑥⑧〕, CH_3CHO〔②④⑧〕, $CH_2{-}CH{-}CH_3$(산화프로필)〔②⑤⑧〕
제1석유류	(비수용성)	가솔린, C_6H_6, 이상〔②⑥⑧〕, $C_6H_5CH_3$, $CH_3COOC_2H_5$, 이상〔②⑥〕, $CH_3COC_2H_5$〔②〕
	(수용성)	CH_3COCH_3〔②〕, C_5H_5N(피리딘)〔②⑧〕
알코올류	(수용성)	CH_3OH〔②-하절기, ⑧〕, C_2H_5OH, $n{-}C_3H_7OH$, $i{-}C_3H_7OH$, 이상〔②-하절기〕
제2석유류	(비수용성)	등유, 경유, $C_6H_4(CH_3)_2$, 이상〔⑥⑦〕
	(수용성)	CH_3COOH(빙초산)〔⑧,부〕
제3석유류	(비수용성)	중유, 크레오소트유, 이상〔부〕, $C_6H_5NH_2$, $C_6H_5NO_2$, 이상〔⑧〕
	(수용성)	$HO{-}CH_2{-}CH_2{-}OH$(에틸렌글리콜) $HOCH_2{-}CH(OH){-}CH_2OH$(글리세린)
제4석유류		윤활유(기어유, 실린더유, 터빈유, 머신유, 모터유) $(CH_3C_6H_4O)_3{-}PO$(인산트리크레질), $C_8H_{17}{-}OCO{-}(CH_2)_8{-}COOC_8H_{17}$(세바신산디옥틸)
동식물유류		야자유, 팜유, 올리브유, 피마자기름, 낙화생유, 채씨유, 참기름, 연설유, 아마씨유, 청어유, 콩기름, 오동나무 기름, 해바라기씨유, 정어리유, 옥수수유, 들깨기름

※비수용성과 수용성의 구분은 소방법 위험물 지정수량(저장량)에 관계한다(1.7절 참조).

【위험성】

① 발화점이 낮아 폭발적으로 연소한다.

② 저비점으로 폭발 하한이 낮고 인화하기 쉬워 폭발 우려가 있다.

③ 빛과 공기에 장시간 접촉하면 과산화물이 생겨 폭발한다.

④ 열 또는 빛으로 분해해 폭발할 우려가 있다.

⑤ 중합에 의해 발열하여 반응 폭주로 폭발한다.

⑥ 이송 중에 정전기를 발생해 인화하기 쉽다.

⑦ 옷감 등에 깊이 스며든 것은 자연 발화할 수 있다.

⑧ 휘산가스가 유독하다.

【취급법】

인화성이 강한 것은 가능한 한 소구분해, 통풍이 잘 되는 화기(스위치, 적열체, 정전 불꽃 등)로부터 떨어진 곳에 보관한다. 특히 용기로부터 증기가 새지 않게 주의한다.

【방호법】

다량을 취급할 때는 방호 마스크, 면장갑을 이용하고 독성이 있는 것을 취급할 때는 방독 마스크, 고무장갑을 착용한다. 또 드래프트 내에서 취급해야 한다.

【소화법】

용기 내 초기 화재는 뚜껑에 의한 질식소화가 유효하다. 소량의 인화에는 CO_2 소화기, 분말소화기 등을 사용하고, 화재가 확대되었을 때는 거품소화기, 안개상의 강화액 소화기를 이용한다. 대량의 주수는 위험물이 물에 떠 화재 범위가 확대할 우려가 있으므로 충분히 주의해야 한다.

! 사고예 ◆ 에테르를 석유 캔으로부터 조금씩 꺼내던 중 2m 떨어진 버너에서 인화하자 순간 당황하여 석유캔을 엎는 바람에 대화재가 되었다. 에테르가 소량 남은 플라스크를 씻던 중 탕비기의 불에 의해 인화했다. ◆ 톨루엔을 증류하던 중 잊고 있던 비등석을 넣자 돌비했다. ◆ 용제가 남아 있는 용기를 유리 세공해 인화, 폭발해 부상했다. ◆ 아세톤으로 씻은 플라스크를 건조기에 넣어 폭발해 건조기의 문이 날아갔다. ◆ 분액 깔때기로 가열한 수용액을 크실렌으로 추출하던 중 콕을 열어 크실렌이 분출해 인화했다. ◆ 인화한 오일 배스에 사염화탄소를 분사했더니 비등해 불이 번져 기름이 비산하여 화재를 키웠다. ◆ 에탄올에 젖은 면역 염색용 커버글라스를 화기 멸균한 후에 에탄올들이 용기에 다시 넣었더니 밝은 데서는 불이 잘 보이지 않아 불이 꺼졌는지를 확인할 수 없었기 때문에 발화했다. ◆ 오일 배스에 저비점의 용매와 물이 혼입되어 있었기 때문에 오일 배스 가열 시에 오일이 비산했다.

1.2.5 자기 반응성 물질(소방법 위험물 제5류, 표 1.10)

가열, 충격, 마찰, 빛 등에 의해 자기 반응을 일으켜 발열해 폭발적으로 반응이 진행되는 물질로 다음과 같은 위험이 있다.

【위험성】

① 가열, 충격, 마찰, 빛 등에 의해 폭발한다.

② 강산과의 접촉에 의해 연소, 폭발한다.

③ 유기물, 할로겐, 황 등과의 혼합에 의해 연소, 폭발한다.

④ 자연 분해를 일으켜 발화하여 폭발할 수 있다.

⑤ 분해 가스가 폭발을 일으킬 수 있다.

⑥ 인화성이 커서 연소 시 폭발할 수 있다.

⑦ 산, 염기, 물과 접촉하면 화재나 폭발 위험성이 있다.

표 1.10 주요 자기 반응성 물질(위험물 제5류)

〔 〕 안의 숫자 : p.16의【위험성】번호, 부 : 피부의 부식성, 화 : 화약류

물질명	예시된 화합물
유기과산화물	$C_6H_5CO \cdot OO \cdot COC_6H_5$(과산화벤조일)〔①②③〕 $CH_3COC_2H_5 \cdot O_2$ (메틸에틸케톤퍼옥사이드)〔①④〕
질산에스테르	CH_3NO_3, $C_2H_5NO_3$, 이상〔⑥〕, $C_3H_5(NO_3)_3$(니트로글리세린)〔①, 화〕, $Cell-(NO_3)_{2\sim3}$(니트로셀룰로오스)〔①④, 화〕
니트로화합물	$(NO_2)_3C_6H_2OH$(피크린산), $(NO_2)_3C_6H_2CH_3$(트리니트로톨루엔), 이상〔①③⑥, 화〕
니트로소화합물	$C_5H_{10}N_6O_2$(디니트로소펜타메틸렌테트라민)[*1]〔①②③〕
아조화합물	$C_8H_{12}N_4$(아조비스이소부틸로니트릴, AIBN)[*2]〔부〕
디아조화합물	$C_6H_2N_4O_5$(디아조디니트로페놀)[*3]〔①, 화〕
히드라진유도체	$NH_2NH_2 \cdot H_2SO_4$(황산히드라진)〔부〕
히드록실아민과 그 염류	H_2NOH(히드록실아민), $H_2NOH \cdot HCl$(염산히드록실아민), $(H_2NOH)_2H_2SO_4$ (황산히드록실아민)
금속아지화합물	NaN_3(아지화나트륨)〔⑤, 부〕
기타	$(NH_2)_2C=NH \cdot HNO_3$(질산아닐린)〔①〕 1-아릴옥시-2,3-에폭시프로판〔②⑥〕 4-메틸리덴옥시탄-2-온(디케란)〔①⑦〕

*1 Dinitrosopentamethylene-tetramine *2 Azobisisobutyronitrile *3 Diazodinitrophenol

표 1.11 폭발하기 쉬운 화학 결합

A. B. C : 위력의 대, 중, 소/a. b. c : 감도의 대, 중, 소

N–O			N–M		
$-O-NO_2$	질산에스테르	Aa	$N-M_3$	금속 니트리드	Ca
$-NO_2$	니트로화합물	Ab	M_2-NH	금속 이미드	Ca
$>N-NO_2$	니트라민	Ab	$M-NH_2$	금속 아미드	Ca
$N-HNO_3$	아민질산염	Bb	**O–O**		
$-NO$	니트로소화합물	Cb	$-OO-H$	히드로퍼옥시드	Ba
$-ONC$	뇌산염	Ba	$-OO-$	퍼옥시드	Ca
			$CO-OO-H$	퍼옥시산	Ca
N–N			O_3	오조니드	Ba
$-N\equiv N^+$	디아조늄염	Ca	**O–X**		
$-N=N-C\equiv N$	디아조시아니드	Ca	$N-HClO_4$	아민과염소산염	Bb
$(-N=N)_2-S$	디아조설파이드	Ca	$-OClO_3$	과염소산에스테르	Ba
$-N_3$	아지화물	Ba	$N-HClO$	아민염소산	Bb
			$C-OCl_2$	염소산에스테르	Bb
			$-ClO_2$	아염소산염	Cb

　폭발을 목적으로 하는 화약류(화약, 폭약, 화공품)는 「화약류단속법」으로 규제된다. 표 1.10에는 소방법 위험물 제5류로 지정되어 있는 물질을 나타냈다. 덧붙여 일반적으로 표 1.11에 나타낸 구조의 물질은 폭발 우려가 있으므로 취급에 주의가 필요하다.

　【취급법】

　화기로부터 멀리 떨어뜨려 통풍이 잘 되는 냉암소에 보관하고 충격, 마찰을 피한다.

　【방호법】

　양이 많을 때나 가온할 때는 방호 마스크를 착용하고 부식성이 있는 것은 고무장갑을 착용한다.

　【소화법】

　일반적으로 대량의 주수가 좋다. 기포 소화기도 좋지만 연소 시 불 기운이 약해지지 않을 때는 폭발 위험이 있으므로 대피 시기를 놓치지 않는 것이 중요하다.

◆ 니트로화 반응물을 증류하던 중 남아 있던 잔액이 폭발했다(증류 잔액에는 높은 니트로화물이 있으므로 유출해서는 안 된다). ◆ 테트라히드로퓨란의 회수 증류를 잔액에 가해 몇 번 정도 같은 용기로 실시하다 폭발했다(에테르류는 과산화물을 생성하기 쉽다). ◆ 에폭시화를 실시해 생성물을 증류했는데, 잔존하고 있던 과산화물이 폭발해 유리조각이 상반신에 붙었다. ◆ 과산화아세틸을 스패튤라로 취해 칭량하다가 폭발했다. 니트로화합물을 데시케이터 중에서 건조하던 중 갑자기 폭발해 용기가 가루가 되었다.

1.2.6 **산화성 액체**(소방법 위험물 제6류, 표 1.12)

단독으로는 불연성 액체이지만 가연물, 환원성 물질, 금속가루 등과 격렬하게 반응해 다음과 같은 위험을 일으킬 수 있다.

【위험성】

① (a) 금속가루 (b) 알코올 등의 가연물 (c) 아민이나 히드라진류와 혼합하면 발화, 폭발할 수 있다.

② 물과 격렬하게 반응해 (a) 발열 (b) 산소 등의 발생을 수반한다.

③ 톱밥 등의 유기물과 접촉하면 자연 발화한다.

④ 열이나 햇빛으로 분해한다.

⑤ 불화브롬류는 많은 물질과 반응해 불화물을 만든다.

【취급법】

내산성 용기에 넣어 화기나 직사광선을 피해 보관하고 가연물이나 유기물, 물과 접촉하지 않도록 한다.

【방호법】

농후액을 취급할 때는 고무장갑을, 가스가 발생할 때는 마스크를 착용한다.

【소화법】

일반적으로 다량의 물을 이용하지만 액이 비산하지 않게 한다.

◆ 가열한 진한 질산이 실험복에 묻어 발화 연소했다. ◆ 과산화수소 농축액을 마개를 막아 저장하던 중 마개가 날아가 비산했다(통기 마개를 이용하는 것이 좋다).

표 1.12 주요 산화성 액체(위험물 제6류)
〔 〕 안의 숫자 : p.18의 【위험성】 번호, 독 : 독성, 부 : 피부의 부식성

$HClO_4$(과염소산)〔①b, ②a, ③, 부〕, H_2O_2(과산화수소)〔①ab, ④, 부〕,
HNO_3(질산, 발연질산)〔①c, ③, 독, 부〕,
BrF_3(삼불화브롬), BrF_5(오불화브롬), 이상〔②b,⑤, 독, 부〕

1.3.1 고압가스란

고압가스란 상온·대기압하에서 통상은 기체인 물질을 압축 혹은 냉각하여 크게 체적을 감소시킨 것을 가리킨다. 기체인 채로 압축된 것을 압축 가스, 상태 변화하여 액체가 된 것을 액화 가스라고 부른다.

이들 고압가스는 일본 내에서 「고압가스보안법」에 따라 규제되고 있다. 법률에서의 고압가스는 표 1.13과 같이 정해져 있어 일반적으로 1MPa 이상의 압력을 가지는 압축 가스와 0.2MPa 이상의 압력을 가지는 액화 가스가 고압가스의 규제 대상이다. 덧붙여 여기서의 압력은 게이지압이다. 게이지압이란 대기압을 0의 기준으로 하는 압력 표시 방식이며 기체의 절대압(진공을 0의 기준으로 하는 압력 표시)에서 대기압을 뺀 값이다. 고압가스 설비에 설치되어 있는 압력계는 게이지압으로 표시되어 있으므로 그대로 직독하면 좋지만 읽어낸 값을 물리 공식적 등에 적용하는 경우는 절대압으로 변환해야 하므로 주의해야 한다.

법률에서는 고압가스의 제조, 저장, 소비 등의 취급 구분별로 규제되고 있어 기술상의 기준, 보안 관리 체제의 정비, 허가·신고 등의 절차 등이 정해져 있다. 연구기관에서도 규정 기준 등을 지켜 고압가스로 인한 재해를 방지해야 한다.

표 1.13 고압가스의 법률상 정의

고압가스	압축 가스	• 상용 온도에 대해 압력이 1MPa 이상인 압축 가스이며 실제로 그 압력이 1MPa 이상인 것 또는 온도 35℃에서 압력이 1MPa 이상인 압축 가스 • 상용 온도에서 압력이 0.2MPa 이상인 압축 아세틸렌 가스이며 실제로 그 압력이 0.2MPa 이상인 것 또는 온도 15℃에서 압력이 0.2MPa 이상인 압축 아세틸렌 가스
	액화 가스	• 상용 온도에서 압력이 0.2MPa 이상인 액화 가스이며 실제로 그 압력이 0.2MPa 이상인 것 또는 압력이 0.2MPa가 되는 경우의 온도가 35℃ 이하인 액화 가스 • 온도 35℃에서 압력 0Pa이 넘는 액화 가스 가운데, 액화 시안화수소, 액화 브롬메틸 또는 액화 산화에틸렌

※상용 온도란 어느 설비를 '실제의 통상 상태로 운전하고 있을 때'의 온도를 말한다.
※압력 단위는 게이지압(절대압−대기압)이다.

1.3.2 고압가스의 위험성

고압가스는 일반적으로 봄베라는 용기에 충전되고 있어 실험을 하려면 봄베와 그에 부속되는 밸브류를 조작하게 된다. 일반적으로 실험실에서 고압가스를 다룰 때 생기는 위험성을 아래에 정리한다(표 1.14에는 유의해야 할 가스의 구분을 나타냈다).

표 1.14 다양한 가스의 구분

가연성 가스	폭발 하한이 10% 이하 또는 상하한의 차이가 20% 이상인 가스
독성 가스	경제산업성령으로 지정한 가스 또는 독극물단속법에 규정된 독물
특정 고압가스	300m³ 이상의 압축(수소, 천연 가스), 3000kg 이상의 액화(산소, 암모니아, 석유 가스), 1000kg 이상의 액화 염소 6품목+특수 고압가스
특수 고압가스	아루신, 디실란, 디보란, 셀렌화 수소, 포스핀, 모노게르만, 모노실란
오불화비소 등	오불화비소, 오불화인, 삼불화질소, 삼불화붕소, 삼불화인, 사불화황 및 사불화규소
액화 석유 가스	C_3와 C_4의 탄화수소를 주성분으로 하는 가스
불활성 가스	헬륨, 네온, 아르곤, 크립톤, 크세논, 라돈, 질소, 이산화탄소
지연성 가스	산소, 공기, 아산화질소, 염소 등
단순 질식성 가스	산소, 공기 이외의 가스 고농도로 산소 결핍을 일으킨다.

※ 특정 고압가스 가운데 범용 가스로 저장량이 많은 경우는 특별한 규제를 받는다.
※ 특수 고압가스는 자연성, 자기 반응성, 강한 독성, 부식성 등이 있는 특수한 재료 가스로 신재료의 제조에 사용되고 있다. 연구기관 등에서 이것들을 소량 사용하는 경우에도 재해 발생에 특별한 주의를 필요로 하는 것으로서 취급 주임자의 선임 및 신고를 해야 한다.
※ 오불화비소 등은 독성 가스이며 반도체 등에서 사용되는 특수 고압가스에 준한 물성을 가진다.

【위험성】
① 봄베가 고온에 노출되면 폭발할 우려가 있다.
② 봄베는 항상 내부로부터 높은 압력이 가해지고 있으므로 녹 등의 노후로 인해 파열 위험성이 있다. 파열하면 대량의 가스가 누설된다.
③ 자기 분해성이 높은 가스가 충전되어 있는 경우, 봄베에 강한 충격을 주면 폭발할 수 있다.
④ 봄베로부터 가연성 가스가 누설되었을 경우에는 큰 화재나 폭발 위험이 있다.
⑤ 봄베로부터 독성 가스가 누설되었을 경우는 중독을 일으켜 사람이 사망하는 등 심각한 피해가 광범위하게 발생할 수 있다.
⑥ 특수 고압가스 등 자기 반응성·자기 분해성이 있는 가스는 소량의 누설이나 취급 부주의로도 화재나 폭발 우려가 있다.

⑦ 저온 액화 가스는 온도 상승에 의해 급격하게 체적이 팽창하기 때문에 용기 파열 등의 위험성이 있다. 파열하면 대량의 가스가 누설된다.

【취급법】

고압가스 용기(봄베)는 각각의 연구기관에서 정해진 규칙에 따라 취급해야 하며 특히 다음의 주의가 필요하다. 덧붙여 봄베의 구조와 취급상의 주의 사항은 3.6.3항을 참조하기 바란다.

① 봄베는 가능한 한 작은 용량의 것을 이용하고 사용 후에는 신속하게 업자에게 반환한다. 보통 해당 시설에서 저장할 수 있는 고압가스의 총량이 정해져 있으므로 7m³들이 봄베(내용적 48L)를 1.5m³(내용적 10L)의 소형 봄베로 변경하는 등의 대응이 필요할 수 있다. 또 자치단체에 따라서는 봄베 납품 후 1년 이내에 업자에게 봄베를 반환하도록 정하고 있는 곳도 있다.

② 봄베를 이동시킬 때는 캡을 씌우고 전용 대차를 이용한다.

③ 한동안 사용하지 않는 봄베는 캡을 씌우고 소정의 고압가스 용기를 보관하는 곳에 제대로 고정해 둔다.

④ 상시 사용하는 봄베는 난방 기구 근처 등 온도가 높은 장소를 피해 통풍이 잘 되는 곳에 지진 등으로 전도하지 않게 고정해 둔다.

⑤ 밸브를 급격하게 개폐하면 마찰이나 단열 압축에 의한 열로 발화할 수 있으므로 천천히 개폐한다. 정지 시는 가스가 누설되지 않았는지 확인한다.

⑥ 가연성 가스 사용 시는 가스 누설 및 실내의 화기와 가연물에 충분히 주의한다. 독성 가스 사용 시는 가스 누설과 폐가스 처리에 충분히 주의한다.

⑦ 변질하기 쉬운 가스나 부식성이 강한 가스의 봄베는 가능한 한 새로운 것을 이용하고 장기간 저장하지 않도록 한다.

⑧ 봄베를 배관에 접속해 사용할 때 혹은 다른 봄베의 가스와 혼합해 사용할 때는 후술하는 주의(3.6.3항 참조)가 필요하다.

⑨ 독성 가스 봄베의 잔가스는 폐기해서는 안 된다. 잔가스량이 많아도 그대로 업자에게 반환한다.

【방호법】

독성 가스를 사용할 때는 미리 해당 가스에 대응하는 적절한 방독 마스크, 보호 장갑, 그 외의 보호 도구를 준비한다. 덧붙여 긴급용 방호 기구(송기 마스크, 방화복, 방독 의류, 방화포 등)는 평소 점검해 둔다. 또 사용 가스에 대응한 가스 경보기를 설치하는 것이 바람직하다.

【방화법】

가연 가스를 사용할 때는 분말 소화기나 CO_2 소화기를 준비하고, 퇴피로 마련과 살수 설비를 확인해 둔다. 근처의 화재로 연소의 우려가 있을 때는 가능하면 봄베를 안전한 장소로 이동시킨다. 안전하게 이동할 수 없을 때는 소방 관계자에게 어느 위치에 어느 봄베가 몇 개 있는지를 알려 소화 시의 2차 재해(화염에 의한 가열에서의 봄베 폭발 재해)를 방지한다.

【방독법】

밸브 등의 손상으로 독성 가스가 누설되었을 때는 긴급용 방호 기구를 장착하고 주 밸브를 잠그는 등의 긴급 조치를 실시한다. 긴급 조치에 실패해 독성 가스가 계속 누설되는 경우는 연구실 등에서 정한 긴급 연락망을 사용해 통보하여 즉시 건물에서 모든 사람이 대피해야 한다. 동시에 소방서에 전화해 긴급사태가 발생한 사실을 전해야 한다.

덧붙여 염산 가스 봄베의 경우 그대로 두었을 때는 방안의 금속이 침투해서 피해가 있었지만 옆으로 넘어진 봄베에 두꺼운 옷감을 덮어 주수했을 때는 방의 금속이 거의 침투하지 않았던 예가 있다. 대응할 여력이 있는 경우에는 비상 조치로 충분하다.

!
◆ 실험실의 실린더 캐비닛에서 실란 가스 용기가 폭발해 학생 2명이 사망했다.
◆ 실험실에서 다량의 액체 질소가 기화되어 교사 1명과 학생 1명이 사망했다.

1.3.3 주요 고압가스

시판되고 있는 주요 고압가스를 압축 가스, 액화 가스 및 특수 재료 가스로 구분해 표 1.15에 나타냈다(C_6H_6, CS_2 등 밀봉 조건에서 고압가스가 되는 것도 포함한다).

표 1.15 주요 고압가스

1. 특정 구분   가연성 가   □ : 법령에 예시된 것   ☑ : 기타의 것
                  독성 가스   ■ : 법령에 예시된 것   ◪ : 기타의 것
                  특정 고압가스   특 : 법령에 지정된 것
2. 폭발 범위, 발화점(인화점)   ─ : 불연성   공란 : 미특정
3. 허용 농도   ─ : 미규정   독 : 미규정, 독성 있음

| 고압가스 | | | | | | |
명칭 (분자식)		특정 구분	비점 (℃)	폭발 범위 (vol%)	가스 비중 (공기=1)	임계 온도/압 (℃/atm)	허용 농도 (ppm)
헬륨	He		-268	—	0.13	-268/2	—
네온	Ne		-246	—	0.67	-228/27	—
아르곤	Ar		-185	—	1.38	-122/48	—
크립톤	Kr		-153	—	2.89	-63.8/54	—

분류	화합물명	분자식	마크	비점 (℃)	폭발 범위 (vol %)	가스 비중 (공기=1)	발화점(인화점) (℃)	허용 농도 (ppm)
	크세논	Xe		−108	—	4.55	−16.6/58	—
	수소	H_2	□ 특	−252	4~76	0.07	−240/13	—
	중수소	D_2	▨	−250	5~75	0.14		—
	질소	N_2		−195	—	0.97	−147/34	—
	산소	O_2		−182	—	1.10	−118/50	—
	공기			−191	—	1.00	−140/37	—
	일산화질소	NO	◪	−151	—	1.04	−93/64	25
	일산화탄소	CO	□ ■	−192	12~74	0.98	−139/35	25
	메탄	CH_4	□	−161	5~15	0.55	−82/46	—
	천연가스	C_3+C_4	□ 특	—	—			—

액화 가스						
분류	화합물명	분자식	비점 (℃)	폭발 범위 (vol %)	발화점(인화점) (℃)	가스 비중 (공기=1)	허용 농도 (ppm)
---	---	---	---	---	---	---	---
무기계	암모니아	NH_3	−33	15~34	651(132)	0.6	25
	이산화탄소	CO_2	−78*	—	—	1.5	5000
	이산화황	SO_2	−10*	—	—	2.3	2
	아산화질소	N_2O	−89	—	—	1.5	50
	이산화질소	NO_2	21	—	—	1.5	3
	삼산화이질소	N_2O_3	4	—	—		독
	시안화수소	HCN	26	6~41	538(−18)	0.94	5
	황화수소	H_2S	−60	4~46	260	1.2	1
	이황화탄소	CS_2	46	1.3~50	90 (−30)	2.6	1
	포스겐	$COCl_2$	8	—	—	3.5	0.1
	황화카르보늄	COS	−50	12~29	—	2.1	발암
	니켈카르보닐	$Ni(CO)_4$	42	2~34	60 (−20)	6.0	0.001
	디시안	$(CN)_2$	−21	6~43	850	1.8	10
	액화산소	O_2	−182	—	—	1.1	—
	염소	Cl_2	−34	—	—	2.47	0.5
	붕소	F_2	−188	—	—	1.31	1
	염화수소	HCl	−85	—	—	1.26	2
	브롬화수소	HBr	−66	—	—	2.81	2
	요오드화수소	HI	−35	—	—	4.46	—
	불화수소	HF	19	—	—	0.69	0.5
	불화술폰	SO_2F_2	−55	—	—	3.5	2.5mg/m³
	육불화황	SF_6	−64*	—	—	5.11	1000
	사염화탄소	CCl_4	77	—	—	5.3	5
	사염화티탄	$TiCl_4$	136	—	—	6.6	—
탄화수소	에탄	C_2H_6	−88	3.0~12	472(−135)	1.05	1000
	에틸렌	C_2H_4	−104	2.7~36	450(−130)	0.97	200
	아세틸렌	C_2H_2	−84	2.5~80	305 (−18)	0.90	2500
	프로판	C_3H_8	−43	2.2~9.5	432(−104)	1.56	—
	프로필렌	C_3H_6	−48	2.4~11	455(−108)	1.49	500
	아렌	$CH_2=C=CH_2$	−34	1.5~11		1.42	—
	메틸아세틸렌	$CH_3-C≡CH$	−23	1.7~12		1.41	1000
	시클로프로판	$cyclo(CH_2)_3$	32	2.4~10	478 (−94)	1.45	—
	부탄	C_4H_{10}	0	1.8~8.4	287 (−60)	2.11	500

분류	명칭	화학식					
탄화수소	이소부탄	$i\text{-}C_4H_{10}$	−11	1.8~8.4	462 (−83)	2.06	500
	1-부텐	$CH_2{=}CH\text{-}C_2H_5$	−7	1.6~9.3	384 (−80)	2.00	250
	trans-2-부텐		3	1.8~9.7	324 (−73)	1.9	250
	cis-2-부텐		4	1.7~9.7	325 (−73)	1.9	250
	이소부틸렌	$(CH_3)_2C{=}CH_2$	−7	1.8~9.6	465 (−10)	1.94	−
	1,3-부타디엔	$CH_2{=}CH\text{-}CH{=}CH_2$	−4	1.1~16	420 (−76)	1.87	2
	에틸아세틸렌	$CH_3\text{-}CH_2\text{-}C{\equiv}CH$	8			1.93	−
	벤젠	C_6H_6	80	1.3~7.1	498 (−11)	2.77	1**
	에틸벤젠	$C_2H_5C_6H_5$	136	1.0~6.7	432 (18)	3.70	20
	액화 석유 가스	−	−	−	−	−	−
함산소화합물	아세트알데히드	CH_3CHO	20	4.0~60	175 (−38)	1.52	25
	디메틸에테르	$(CH_3)_2O$	−25	3.0~27	350 (−41)	1.62	
	산화에틸렌	$\overset{O}{CH_2{-}CH_2}$	10	3.0~100	429 (−20)	1.52	1
	아크로레인	$CH_2{=}CHCHO$	52	2.8~31	220 (−26)	1.9	0.1
	비닐메틸에테르	$CH_2{=}CH\text{-}O\text{-}CH_3$	5	1.9~32	210 (−60)	2.0	−
	산화프로필렌	$CH_3\text{-}\overset{O}{CH\text{-}CH_2}$	34	2.1~37	449 (−35)	2.10	2
함질소화합물	메틸아민	CH_3NH_2	−6	4.9~20.7	430 (0)	1.1	5
	디메틸아민	$(CH_3)_2NH$	7	2.8~14	400 (−6)	1.54	5
	트리메틸아민	$(CH_3)_3N$	3	2.0~12	190 (−12)	2.09	5
	에틸아민	$C_2H_5NH_2$	17	3.5~14	385 (−18)	1.61	5
	디에틸아민	$(C_2H_5)_2NH$	55	1.8~10.1	312 (−28)	2.5	5
	아크릴로니트릴	$CH_2{=}CHCN$	77	3.1~17	481 (0)	1.80	2
함할로겐화합물	염화메틸	CH_3Cl	−24	8~17	632 (−50)	1.78	50
	염화에틸	C_2H_5Cl	12	3.8~15	519 (−50)	2.23	100
	염화비닐	$CH_2{=}CHCl$	−14	4~33	472 (−78)	2.21	1
	클로로프렌	$CH_2{=}CClCH{=}CH_2$	59	4.0~20.0	440 (−20)	3.0	10
	브롬화메틸	CH_3Br	4	10~16	537 ( )	3.35	1
	브롬화비닐	$CH_2{=}CHBr$	16	9~14	530 ( )	3.79	0.5
	불화메틸	CH_3F	−78			1.19	−
	삼불화메탄	CHF_3	−78	−	−	2.43	1000
	불화비닐	$CH_2{=}CHF$	−82	2.6~21.7	460 ( )	1.69	1
	프레온 11 CFC-11	CCl_3F	24	−	−	4.7	1000
	프레온 12 CFC-12	CCl_2F_2	−30	−	−	4.2	500
	프레온 13 CFC-13	$CClF_3$	−81	−	−	3.61	1000
	프레온 14 FC-14	CF_4	−128	−	−	3.05	−
	프레온 21 HCFC-21	$CHCl_2F$	9	−	−	3.57	10
	프레온 22 HCFC-22	$CHClF_2$	−41	−	−	3.11	1000
	프레온 23 HFC-23	CHF_3	−82	−	−	2.41	1000
	프레온 113 CFC-113	CCl_2FCClF_2	48	−	−	6.5	500
	프레온 114 CFC-114	$CClF_2CClF_2$	4	−	−	5.93	1000
	프레온 115 CFC-115	$CClF_2CF_3$	39	−	−	5.54	1000
	프레온 116 CFC-116	CF_3CF_3	−78	−	−	4.82	1000
	프레온 152a HFC-152a	CHF_2CH_3	−25	5.1~17.1		2.28	1000
	프레온 218 FC-218	C_3F_8	−38	−	−	6.69	1000
	프레온 C318 FC-C318	$cyclo(CF_2)_4$	−6		−	7.33	1000
	클로로디플루오로에탄	$CClF_2CH_3$	10	9.0~14.8	−	3.49	1000
	디플루오로에틸렌	$CF_2{=}CH_2$	−86	5.5~21.3	640 ( )	2.2	500
	클로로트리플루오로에틸렌	$CClF{=}CF_2$	−28	8.4~38.7	−	4.13	−

화합물명	분자식	비점(℃)	폭발 범위(vol %)	발화점(인화점)(℃)	가스 비중(공기=1)	허용 농도(ppm)
헥사플루오로프로필렌	CF₂CF=CF₂	-29	-	-	5.18	0.1
페르플루오로-2-부텐	CF₂CF=CFCF₃	1	-	-	7.03	-
할론 1301	CBrF₂	-58	-	-	5.31	1000
브로모트리플루오로에틸렌	CF₂=CBrF	-3	-	자연성	5.60	-

특수 재료 가스

분류	화합물명	분자식	비점(℃)	폭발 범위(vol %)	발화점(인화점)(℃)	가스 비중(공기=1)	허용 농도(ppm)
실리콘계	모노실란	SiH₄	-111	1.3~		1.11	5
	디클로로실란	SiH₂Cl₂	8	4.1~99	60 (-55)	3.52	-
	삼염화실란	SiHCl₃	32	1.9~90	104 (-28)	4.7	-
	사염화규소	SiCl₄	58	-	-	5.9	-
	사불화규소	SiF₄	-94			3.63	-
	디실란	Si₂H₆	-14	0.5~	자연성	2.29	5
비소계	비소	AsH₃	-63	4.5~78	285 ( )	2.69	0.005
	삼불화비소(Ⅲ)	AsF₃	58				3µg/m³***
	오불화비소(V)	AsF₅	-53				3µg/m³***
	삼염화비소(Ⅲ)	AsCl₃	130				3µg/m³***
	오염화비소(V)	AsCl₅	-25				3µg/m³***
인계	포스핀	PH₃	88	1.3~98	100 ( )	6.25	0.3
	삼불화인(Ⅲ)	PF₃	-101			3.03	2.5mg/m³
	오불화인(V)	PF₅	-84			4.46	
	삼염화인(Ⅲ)	PCl₃	74			4.75	0.2
	오염화인(V)	PCl₅	160			7.2	0.1
	옥시염화인	POCl₃	105			5.3	0.1
붕소계	디보란	B₂H₆	-92	0.9~88	38 (-90)	0.96	0.01
	삼붕화붕소	BF₃	-100			2.38	0.3
	삼염화붕소	BCl₃	12			4.12	-
	삼브롬화붕소	BBr₃	91			8.6	1
금속수소화물	세렌화수소	H₂Se	-42	12.5~63		2.80	0.05
	모노게르만	GeH₄	-88	0.8~98	173 ( )	2.64	
	텔루르화수소	H₂Te	-1.3				0.1mg/m³
	스티빈	SbH₃	-18			4.4	0.1
	수소화주석	SnH₄	-52				2
할로겐화물	삼불화질소	NF₃	-129			2.46	10
	사불화유황	SF₄	-40			3.78	0.1
	육불화텅스텐(VI)	WF₆	17			10.0	0.5
	육불화몰리브덴(VI)	MoF₆	35				5
	사염화게르마늄	GeCl₄	84				
	사염화주석(Ⅳ)	SnCl₄	114			9	2mg/m³
	오염화안티몬(V)	SbCl₄	140				-
	육불화텅스텐(VI)	WCl₆	346				5mg/m³
	오염화몰리브덴(V)	MoCl₅	268				5mg/m³
금속알킬화물	트리메틸갈륨	Ga(CH₃)₃	56				
	트리에틸갈륨	Ga(C₂H₅)₃	143				
	트리메틸인듐	In(CH₃)₃	136				0.1mg/m³
	트리에틸인듐	In(C₂H₅)₃	184			7.0	

*비점의 *은 승화 온도를 나타낸다.
**허용 농도의 **은 과잉 발암 생애 리스크 레벨 10^{-3}의 농도(10^{-4}의 농도는 1/10).

실험에 사용하는 거의 모든 물질은 유독물질이라고 생각해도 무방하지만 막상 실험에 사용하는 것은 소량이므로 비상식적으로 취급하지 않는 한 중독될 위험은 없다. 그러나 미리 SDS(1.7절 참조) 등을 숙독해 취급하는 물질의 위험성이나 독성을 충분히 알아두는 것이 중요하다. 독성이 약한 것이라도 장기간에 걸쳐 계속 노출되면 유해하므로 실험실 내나 환경에 확산되는 것을 방지해야 한다.

유독물질은 법령으로 취급 방법이 규제되고 있다. 지정 유독물질을 숙지하고, 이들 물질이나 유사한 물질을 취급할 때는 충분히 주의할 필요가 있다. 법령에서는 교육·연구기관을 규제 대상으로 하지 않는 경우도 있지만 엄중한 관리가 필요하다. 특히 면허나 허가가 필요한 물질을 취급하는 연구에 대해서는 사전에 면허 취득이나 지사 등의 허가를 얻어야 한다. 덧붙여 유독물질의 자세한 내용은 표 1.3에 나타낸 문헌이나 인터넷 정보 등을 참고하기 바란다.

1.4.1 유독물질의 독작용

「독물 및 극물 단속법」으로 지정되고 있는 독물과 극물은 주로 급성 독성을 갖고 있는 반면 「노동안전위생법」의 특정 화학물질이나 유기용제 등은 만성 독성을 가진 것이 해당한다. 유독물질의 독작용은 개개의 물질에 따라 다르지만 침입 경로나 증상에 따라 표 1.16과 같이 분류할 수 있다.

표 1.16 유독물질의 독작용에 의한 분류

구분	침입 경로	증상 (물질 예)
부식성 물질 (액체, 분진)	피부	표피 조직의 응고, 붕괴에 의해 수포, 궤양, 켈로이드를 일으켜 체내에 흡수되는 경우도 있다(강산, 강염기, 산화제, Ag, Hg, Cu, Zn의 염류, 유기 알칼리 금속, 실란류, 붕소화합물, 페놀류, 아민류, 제4급 암모늄염 등)
자극성 물질 (기체, 분진)	눈, 코, 목, 호흡기의 점막	눈의 최루, 충혈, 염증, 결막염이나 콧물, 출혈, 염증, 때로는 비중 격막 천공을 일으킨다. 호흡기에서는 기침, 두통, 현기증, 구토, 기관지염, 폐수종, 폐렴을 일으키고 체내에 흡수된다(휘발성 물질이 많고 자극성으로, 특히 유기 할로겐화물, 저급의 산, 알데히드, 과산화물 등 그 밖에 휘발성이 높거나 분진 등이 되기 쉬운 부식성 물질이나 독물, 극물 등)

독물 · 극물	경구 섭취 또는 피부, 점막으로부터 흡수	【신경계】주로 중추신경과 심장을 망가뜨리고 두통, 현기증, 구토, 마취 상태, 호흡 마비, 심장 정지를 일으킨다(메탄올, 술포날, 클로로포름, 4알킬납 등).
		【혈액계】혈색소를 용해 또는 기능 부전으로 변질시켜 산소 공급을 저해하고 호흡 곤란, 경련, 호흡 정지를 일으킨다(시안화합물, 염소산염, 니트로벤젠, 아닐린 등).
		【소화기계】소화기의 점막, 조직을 파괴하여 작열감, 구토, 토혈, 혈변, 급성 위염, 실신을 일으킨다(강산, 강염기, 과산화수소, 크롬산, 구리염, 포름알데히드, 페놀 등).
		【장기계】생활 세포를 침해해 산소 공급, 대사 작용을 저해하고 신장, 간장 등의 기관에 지방 변질을 일으켜 여러 가지 만성 질환을 일으킨다(황린, As, Sb, Pb, Ca, Ba, Se 등의 화합물).

※자극성 물질의 상당수는 독극물로, 그 자극성은 체내에 흡수되지 않도록 하는 경고이다.
※부식성 물질의 상당수는 자극성이 있지만 접촉 시 감지할 수 없는 것도 많다. 잘못해 마시면 소화기, 호흡기에 심각한 장해를 일으킨다. 특히 분진에 주의.
※신경계와 혈액계의 독극물 중독은 응급 처치가 필요한 것이 많다.
※동일 물질을 장기간에 걸쳐 취급할 때는 저농도의 피독으로도 만성 장기 질환을 일으킨다.

1.4.2 독물 및 극물

독물 및 극물은「독물 및 극물 단속법」으로 정해져 있다(표 1.17, 표 1.18).
독물 중 10물질은 특정 독물로, 취급 시에는 지사의 허가가 필요하다.
독물의 농도가 묽어지면 극물로 지정되거나 지정 대상에서 제외되는 것도 있다.
원체*1만 지정되어 있는 것도 있다.

【취급법】
① 독물·극물은 마개로 막은 용기에 넣어 내용물을 명기하고 자물쇠를 채운 약품 선반에 각각 독물·극물 이외의 약품과 분별해 보관하고, 출납부를 마련해 사용 시마다 기록한다(혹은 약품 관리 시스템에 사용 기록을 등록한다. 1.7절 참조). 또 정기적으로 실제 보관량과 일치하는지 점검한다. 만일 도난되었을 때는 책임자에게 신고하여야 한다.

그림 1.1 독극물의 표시

*1 원체 : 원칙으로서 화학적 순품을 가리킨다. 제조 과정 등에 유래하는 불순물을 포함하는 것 혹은 순도에 영향이 없는 정도의 첨가물이 더해지는 것은 원체로 간주한다. 원체만 극물로 지정되어 있는 것에 메탄올, 톨루엔, 크실렌, 초산에틸, 메틸에틸케톤 등이 있다. 그러나 농도가 묽어 지정 대상에서 제외된 경우에도 독물이나 극물에 준해 취급할 필요가 있다.

② 표시는 「의약용외 독물」(빨간색 바탕에 흰색 문자), 「의약용외 극물」(흰색 바탕에 빨간색 문자)이라고 보관고에도 동일하게 표시해야 한다(그림 1.1), 소구분했을 경우에도 위와 같이 표시해야 한다. 또 음료 등 다른 용기에 소구분하는 것은 금지되고 있다.

③ 독물은 극물과 따로 보관하고 독물 사용 시에는 지도자 입회하에 실시한다.

④ 보관고의 열쇠는 책임자가 책임을 지고 보관하고 열쇠 사용 기록을 남긴다.

⑤ 휘발성이 높거나 분진이 되기 쉬운 유독물질은 드래프트 등 국소 배기 장치에서 취급한다. 사용 후에는 양치질을 하고 손을 깨끗이 씻는다.

⑥ 사용하는 약품은 사전에 SDS를 상비하고 응급처치 방법을 파악해 둔다.

⑦ 장기간 보존되고 있는 독물·극물 등으로 사용하기 어려운 것에 대해서는 적정한

표 1.17 「독물 및 극물 단속법」에 따른 유독물질의 판정 기준(2007.3)

	경구 LD_{50}	경피 LD_{50}	흡입 LC_{50}
독물	50mg/kg 이하	200mg/kg 이하	가스 500ppm(4hr) 이하 증기 2.0mg/L(4hr) 이하 더스트·미스트 0.5mg/L(4hr) 이하
극물	50~300mg/kg 이하	200~1000mg/kg 이하	가스 500~2500ppm(4hr) 이하 증기 2.0~10mg/L(4hr) 이하 더스트·미스트 0.5~1.0mg/L(4hr) 이하

※LD_{50} : 50% Lethal Dose의 약어, 반수 치사량으로 급성 독성의 지표이다. 물질을 투여한 동물의 반수가 사망하는 용량을 말한다.

※LC_{50} : 50% Lethal Concentration의 약어, 반수 치사 농도로 급성 독성의 지표이다. 기체 또는 물에 용해한 화학물질에 폭로된 생물의 50%가 사망하는 농도를 말한다.

● 동물 실험에 의한 식견

(1) 급성 독성 : 원칙으로 다양한 피폭 경로를 조사하여 하나라도 해당할 때

(2) 피부에 대한 부식성은 극물은 4시간까지 폭로 후 시험 동물 3마리 중 1마리 이상 피부 조직의 파괴를 일으킬 때

(3) 눈의 점막에 대한 중대한 손상을 주는 극물은 토끼로 1마리 이상 21일간으로 완전 회복하지 않을 때 등

● 사람에 있어서의 식견

사람의 사고 사례를 기초로 고려한다.

방법으로 신속하게 폐기한다.

【방호법】

소정의 보호복, 보호 안경, 방독 마스크, 보호 장갑을 준비, 착용한다. 방독 마스크는 사용하는 시약에 적절한 흡착제를 선택한다. 덧붙여 사용하면 흡착 능력이 저하되므로 주의해야 한다.

【노출 시 대처법】

① 피부, 점막으로부터 흡수되는 유독물질은 중독 증상이 나타나기까지 시간이 걸리므로 주의가 필요하다. 자극성, 부식성 약품은 피부에 대한 자극성이 낮아도 눈에 들어가면 실명할 확률이 높다.

② 자극성, 부식성 약품과 접촉했을 경우는 신속하게 물로 씻는다.

특히 알칼리는 안구를 부식시키므로 15분 이상 세면한 후 의료기관에서 진찰을 받는다. 세정을 위해 긴급 샤워 혹은 수도꼭지에 연결된 고무관 등을 정비하고 위치를 확인해 둔다.

> **사고예** ◆ 시안화칼륨이 묻은 손으로 차를 마신 후 30초 정도 지나자 눈이 깜깜해져 '청산가리'라고 외치면서 의식을 잃었는데, 곁에 있던 사람이 이 소리를 듣고 즉시 병원으로 옮겨 위 세척을 받고 살아났다. ◆ 시안화칼륨이 부착한 황산 종이를 물로 처리하던 중 HCN 가스를 흡인하여 의식을 잃었다. ◆ 과산화수소의 희석액을 냉장고에서 냉각 중 다른 사람이 음료수로 오인해 마셨는데, 싱거웠기 때문에 복통을 느낀 정도로 끝났다. 수은을 적열판 위에 떨어뜨리자 기화한 수은 증기를 흡입해 급성 중독사했다. ◆ 아릴아민(독물)이 든 용기를 취급 중 내용물이 얼굴에 묻어 약상을 입고 일부 미란 증상을 볼 수 있었다. 즉시 얼굴을 씻고 병원에서 처치를 받았다

표 1.18 자주 사용하는 독극물 및 특정 독물

독물 명칭	극물 명칭
아지화나트륨(>0.1%) 아릴아민 아릴알코올 벤젠설포닐클로라이드 염화포스포릴 테트라메틸실리케이트 크로톤알데히드 1-클로로-2,4-디니트로벤젠 삼염화인 삼염화붕소	무기 아연염류 • 질산아연 • 염화아연 • 황산아연 • 질산아연 아질산염류 • 아질산나트륨 아크릴아미드 아닐린 2-아미노에탄올(>20%)

시안화나트륨
무기시안화합물
- 시안화칼륨
- 브롬화시안
- 수소화시아노붕소나트륨
- 디시아노금(I)산칼륨
- 시안화구리(I)
- 펜타시아노니트로실철(III)산나트륨 이수화물
2,4-디니트로페놀
1,1′-디메틸-4,4′-비피리디늄디클로라이드 수화물
1,1-디메틸히드라진
피발로일 클로라이드
수은
수은화합물
- 산화수은(II)
- 에틸수은티오살리실산나트륨(치메로살)
- 질산수은(II)
- p-클로로 수은 안식향산
- 염화 수은(II)
셀렌
셀렌화합물
- 셀렌산나트륨
- 디페닐디셀레니드
- 아셀렌산나트륨
- 셀레노시안산 2-니트로페닐
수산화테트라메틸암모늄
트리부틸아민
니코틴
비소
비소화합물
- 아비산나트륨
- 트리페닐아르신
- 비산수소이나트륨
- 카코딜산
- 카코딜산나트륨
히드라진
불화수소산
브로모 질산에틸
벤젠 티올
2-메르캅토에탄올
황화린
- 오황화린

암모니아수
에틸렌 옥사이드
염산(>10%)
염화 티오닐
과산화 수소수(>6%)
크실렌
무기은염류
- 질산은(I)
개미산
클로로포름
클로로포름-d(중클로로포름)
질산에틸
유기시안화합물
- 아세토니트릴
- $\alpha,\alpha′$-아조비스이소부티로니트릴(AIBN)
사염화탄소
시클로헥사미드
수산화칼륨(>5%)
수산화나트륨(>5%)
중크롬산염류
- 니크롬산칼륨
옥살산
초산(>10%)
무기 주석염류
- 염화 주석(II)
무기구리염류
- 요오드화구리(I)
- 질산구리(II)
- 브롬화구리(I)
- 염화구리(II)
- 염화구리(I)
- 황산구리(II)
- 염화구리(II)
- 황산구리(II)
트리클로로초산
톨루엔
톨루엔-d_8 (중톨루엔)
나트륨
이황화탄소
p-페닐렌디아민
바륨화합물
- 염화바륨
피크린산
히드라진

특정 독물 명칭	
옥타메틸피로포스포르아미드(슈라단) 사알킬납 디에틸-p-니트로페닐 티오포스페이트(파라티온) 디메틸에틸메르캅토에틸티오포스페이트(메틸디메톤) 디메틸-(디에틸아미드-1-크로로크로토닐) 포스페이트(포스파미돈) 디메틸-p-니트로페닐티오포스페이트 (메틸파라티온) 테트라에틸피로포스페이트(TEPP) 모노플루오르질산 및 그 염류 모노플루오르질산아미드 인화알루미늄과 그 분해 촉진제	염산 히드록실 아민 페닐렌디아민 및 그 염류 • o-페닐렌디아민 페놀 브롬수소(브롬화수소산) 포름알데히드 p-포름알데히드(포름알데히드 함유 제재) 메탄올 메탄올-d_4(중메탄올) 메틸에틸케톤(2-부타논) 요오드메탄 요오드 황산(>10%)

1.4.3 특정 화학물질과 유기용제

「노동안전위생법」하에서 「특정 화학물질 장해 예방 규칙」(특화칙), 「유기용제 중독 예방 규칙」(유기칙) 등이 제정되어 있다(표 1.19, 표 1.20, 표 1.21). 특정 화학물질은 노동자의 건강 장해(암, 피부염, 신경장애 등)를 예방하기 위해서 「노동안전위생법」 시행령으로 정해진 물질이다. 이러한 규칙으로 정해진 물질은 드래프트 내에서 보호 도구를 착용하고 취급해야 한다.

특정 화학물질에는 만성 독성을 가진 것이 많고 제1류 물질과 제2류 물질 가운데 발암성 물질 또는 그 우려가 있는 물질에 대해서는 특화칙에서 특별 관리 물질로 간주해 작업 기록을 30년간 보관하는 것이 의무화되어 있다. 또 특별 관리 물질 이외에도 1,3-부타디엔, 1,4-디클로로-2-부텐, 황산디에틸, 1,3-프로판술톤이 특화칙에 의해 작업 기록 등을 30년간 보관하는 것이 의무화되어 있다.

표 1.19 특정 화학물질의 분류

제1류 물질	암 등의 만성·지발성 장해를 일으키는 물질 가운데, 특히 유해성이 높아 중도의 장해를 일으킬 우려가 있는 물질로 후생노동대신의 허가가 없으면 제조할 수 없다.
제2류 물질	오라민 등(오라민과 마젠타)은 요로계 기관에 암 등의 종양을 유발할 우려가 있는 물질, 특정 제2류 물질은 누설에 주의해야 할 물질, 특별 유기용제는 유기칙이 준용되는 물질 그 이외를 관리 제2류 물질과 구분한다.
제3류 물질	특정 제2류 물질과 같이 대량 누설로 급성 중독을 일으키는 물질이기 때문에 누설 방지 조치가 필요하다.

유기용제인 에틸벤젠은 특정 화학물질로 지정되어 에틸벤젠을 취급하는 업무 가운데 노출될 위험이 높은 업무에 한정해 특화칙으로 규제하고 있다. 이것들은 특별 유기용제라고 하며 유기칙이 준용된다. 이러한 물질에는 클로로포름, 디클로로메탄, 1,4-디옥산 등 12물질이 해당한다.

특화칙의 제1류 물질과 제2류 물질 및 유기칙의 제1종과 제2종 유기용제에는 작업 환경 측정이 의무화되고 있다(표 1.20). 작업 환경 측정에서 제3관리 구분으로 판정났을 경우에는 즉시 작업 환경을 개선하는 조치(유효한 보호 도구 착용, 건강 진단 실시, 점검 실시, 조치 실시 후의 측정·평가)를 강구할 필요가 있다. 또 「노동기준법」으로 여성 노동자의 취업을 금지하고 있는 규칙(여성 노동기준 규칙)이 있기 때문에 물질에 따라서는 여성의 취업은 금지된다.

> **!** **사고예** ◆ 2010년 인쇄 사업장에서 담관암이 발생함에 따라 1, 2-디클로로프로판 등이 추가되어 특별 유기용제는 12물질이 되었다. 2014년 안료의 원료를 제조하는 공장에서 담관암이 발병했던 것이 밝혀졌다. 원인은 o-톨루이딘 등의 방향족 아민류를 취급하던 중 피부에서 침입했을 것으로 지적되고 있다.

표 1.20 특화칙·유기칙으로 정해진 작업 환경 측정 관리 구분

제3관리 구분	작업 환경 관리가 부적절하다라고 판단되는 상태. 규제 대상인 화학물질의 공기 중 평균 농도가 관리 한도를 넘는 상태이다.
제2관리 구분	작업 환경 관리에 개선의 여지가 있다고 판단되는 상태이다.
제1관리 구분	작업 환경 관리가 적절하다고 판단되는 상태이다.

표 1.21 특정 화학물질·유기용제 등

규칙	명칭	작업환경 측정 관리 농도[a]	특별 관리 물질	여성 노동 기준규칙 대상 물질
특화칙 제1류 물질	디클로로벤지딘 및 그 염	–	○	
	α-나프틸아민 및 그 염	–	○	
	염소화비페닐(PCB)	0.01mg/m³		○
	o-톨리딘 및 그 염	–	○	
	디아니시딘 및 그 염	–	○	
	베릴륨 및 그 화합물[b]	Be으로서 0.001mg/m³	○	
	삼염화 벤질리딘[c]	0.05ppm	○	
특화칙 제2류 물질	아크릴아미드	0.1mg/m³		○
	아크릴로니트릴	2ppm		

알킬수은화합물(알킬기가 메틸기 또는 에틸기인 물에 한함)	Hg으로서 0.01mg/m³		
인듐화합물		○	
에틸벤젠	20ppm	○	○
에틸렌이민	0.05ppm	○	○
에틸렌옥사이드	1ppm	○	○
염화비닐	2ppm	○	
염소	0.5ppm		
오라민	–	○	
o-톨루이딘	1ppm	○	
o-프탈로디니트릴	0.01mg/m³		
카드뮴 및 그 화합물	Cd으로서 0.05mg/m³		카드뮴화합물
크롬산 및 그 염	Cr으로서 0.05mg/m³	○	크롬산염
클로로포름	3ppm	○	
클로로메틸메틸에테르	–	○	
오산화바나듐	V로서 0.03mg/m³		○
코발트 및 그 무기화합물	Co로서 0.02mg/m³	○	
콜타르*ᵈ	벤젠 가용성 성분으로서 0.2mg/m³	○	
산화프로필렌	2ppm	○	
삼산화이안티몬	Sb로서 0.1mg/m³	○	
시안화칼륨*ᵈ	CN으로서 3mg/m³		
시안화수소	3ppm		
시안화나트륨*ᵈ	CN으로서 3mg/m³		
사염화탄소	5ppm	○	
1,4-디옥산	10ppm	○	
1,2-디클로로에탄(이염화에틸렌)	10ppm	○	
3,3'-디클로로-4, 4'-디아미노디페닐메탄	0.005mg/m³	○	
1,2-디클로로프로판	1ppm	○	
디클로로메탄(이염화메틸렌)	50ppm	○	
디메틸-2, 2-디클로로비닐포스페이트(DDVP)	0.1mg/m³	○	
1,1-디메틸히드라진	0.01ppm	○	
브롬화메틸	1ppm		
중크롬산 및 그 염	Cr으로서 0.05mg/m³	○	
수은 및 무기화합물	Hg으로서 0.025mg/m³		○
스틸렌	20ppm	○	○
1,1,2,2-테트라클로로에탄(사염화아세틸렌)	1ppm	○	
테트라클로로에틸렌(퍼클로로에틸렌)	25ppm	○	○
트리클로로에틸렌	10ppm	○	○
톨릴렌디이소시아네이트	0.005ppm		
나프탈렌	10ppm	○	
니켈화합물(니켈카르보닐을 제외, 가루상의 물에 한함)	Ni로서 0.1mg/m³	○	염화비닐 (Ⅱ)
니켈카르보닐	0.001ppm	○	
니트로글리콜	0.05ppm		
p-디메틸아미노아조벤젠		○	

	p-니트로클로로벤젠[*d]	0.6mg/m³		
	비소 및 그 화합물(알루신 및 비화갈륨을 제외	As로서 0.003mg/m³	O	비소화합물
	불화수소[*d]	0.5ppm		
	β-프로피오락톤	0.5ppm	O	O
	벤젠	1ppm	O	
	펜타클로로페놀(PCP) 및 나트륨염	PCP로서 0.5mg/m₃		O
	포름알데히드	0.1ppm	O	
	마젠타	–	O	
	망간 및 그 화합물(염기성 산화망간을 제외)	Mn으로서 0.2mg/m₃		망간
	메틸이소부틸케톤	20ppm	O	
	요오드화메틸	2ppm		
	리프랙터리 세라믹파이버	5μm 이상의 섬유로서 0.3개/m³	O	
	황화수소	1ppm		
	황산디메틸	0.1ppm		
특화칙 제3류 물질[*e]	암모니아	–		
	일산화탄소	–		
	염화수소	–		
	질산	–		
	이산화황	–		
	페놀[*d]	–		
	포스겐	–		
	황산	–		
납중독 예방규칙	납 및 그 화합물	Pb로서 0.05mg/m³		O
석면장해 예방규칙	석면	5μm 이상의 섬유로서 0.15개/cm		
분진장해 예방규칙	토석, 암석, 광물, 금속 또는 탄소의 분진	E = 3.01(1.19Q + 1) E : 관리 농도(mg/m³) Q : 해당 분진의 유리 규산 함유율(%)		
제1종 유기용제[*f]	1,2-디클로로에틸렌(이염화아세틸렌)	150ppm		
	이황화탄소	1ppm		O
제2종 유기용제[*g]	아세톤	500ppm		
	이소부틸 알코올	50ppm		
	이소프로필 알코올(2-프로판올)	200ppm		
	이소펜틸 알코올(이소아밀 알코올)	100ppm		
	에틸에테르	400ppm		
	에틸렌 글리콜 모노에틸 에테르(셀로솔브)	5ppm		O
	에틸렌 글리콜 모노에틸 에테르 아세테이트 (셀로솔브 아세테이트)	5ppm		O
	에틸렌 글리콜 모노 부틸에테르 (부틸셀로솔브)	25ppm		
	에틸렌 글리콜 모노메틸 에테르(메틸셀로솔브)	0.1ppm		O

	o-디클로로벤젠	25ppm	
	크실렌	50ppm	○
	크레졸	5ppm	
	클로로벤젠	10ppm	
	질산이소부틸	150ppm	
	질산이소프로필	100ppm	
	질산이소펜틸(초산이소아밀)	50ppm	
	질산에틸	200ppm	
	질산노말부틸	150ppm	
	질산노말프로필	200ppm	
	질산노말펜틸(초산노말아밀)	50ppm	
	질산메틸	200ppm	
	시클로헥산올	25ppm	
	시클로헥사논	20ppm	
	N,N-디메틸포름아미드	10ppm	○
	테트라히드로푸란	50ppm	
	1,1,1-트리클로로에탄	200ppm	
	톨루엔	20ppm	○
	노말헥산	40ppm	
	1-부탄올	25ppm	
	2-부탄올	100ppm	
	메탄올	200ppm	○
	메틸에틸케톤	200ppm	
	메틸시클로헥산올	50ppm	
	메틸시클로헥사논	50ppm	
	메틸노말부틸케톤	5ppm	
제3종 유기용제*e	가솔린	−	
	콜타르 나프타(솔벤트 나프타를 제외)	−	
	석유 에테르	−	
	석유 나프타	−	
	석유 벤젠	−	
	테레핀유	−	
	미네랄 스피릿(미네랄 시너, 경유, 백유 및 미네랄 티펜틴을 포함)	−	

*a 25℃, 1기압의 공기 중 농도
*b 베릴륨 합금은 3중량%를 넘는 것이 해당
*c 0.5중량%를 넘는 것이 해당
*d 5중량%를 넘어 함유하는 것이 해당. 그 외는 1중량%를 넘는 것이 해당
*e 특정 화학물질 제3류나 제3종 유기용제는 작업 환경 측정 대상 외
*f 제1종 유기용제만으로 구성되는 혼합물이나 제1종 유기용제를 5중량%를 넘어 함유하는 것도 해당
*g 제2종 유기용제만으로 구성되는 혼합물이나 제1종 및 제2종 유기용제를 5중량%를 넘어 함유하는 것도 해당

【취급법】

① 암은 노출 후 상당한 시간이 지나야 발병한다. 따라서 실험의 맹점이 되기 쉬우므로 미리 취급 물질의 발암성 유무를 충분히 조사하고, 또 보고가 없어도 구조로부터 추정하는 것도 필요하다.

② 발암성이 있는 경우 대체법에 의해 리스크를 회피하는 방법을 모색한다.
〔예〕용제를 벤젠에서 톨루엔으로 변경, 아스베스토스 제품을 대체품으로 변경하는 등

③ 대체할 수 없는 경우 흘려도 괜찮도록, 즉 오염 확산 방지 시트를 깔되, 드래프트 내에서 사용하고 보호 장갑, 보호 안경, 방독 마스크를 착용해 노출 및 확산을 방지한다. 덧붙여 「노동안전위생법」에서는 특정 화학물질 취급에 대해서는 장기간에 걸친 건강 진단을 의무화하고 하고 있다(벤젠, 석면 등).

④ 드래프트의 전면 문은 적정한 풍량(유기칙 : 0.4m/초, 특화칙 : 0.5m/초)을 얻을 수 있는 위치에서 사용한다. 문을 너무 개방하면 풍속을 얻지 못해 흡입할 수 없다. 또 실험을 하지 않을 때는 전면 문을 닫는다.

⑤ 뒤처리 시에는 발암물질이 신체, 의류, 기구 등에 부착해 확산되지 않도록 잘 세정하고 나서 처리하는 등 폐기물을 엄격하게 관리한다.

⑥ 실험실에는 음식 · 흡연 금지 표시나 사용 유기용제의 구분 표시(그림 1.2) 등 필요한 라벨 표시를 한다. 또 유기용제에 대해서는 인체에 미치는 작용, 취급상 주의사항, 중독이 발생했을 때의 응급처치에 대해 게시해야 한다(1.7.5항 참조).

⑦ 특별 관리 물질 등은 물질별로 주의해야 할 정보(명칭, 인체에 작용, 취급상 주의 사항, 보호 도구, 응급조치)를 게시하고 작업할 때마다 기록한다(혹은 약품 관리 시스템에 사용 기록을 등록한다. 1.7.2항 참조).

【방호법】은 1.4.2항 참조.

【유기용제의 허용 소비량】

유기용제의 소비량이 소량(허용 소비량 미만)인 경우 제외 신청하는 것이 가능하다. 허용 소비량은 표 1.22의 식으로 구한다.

| (적) | (황) | (청) |

그림 1.2 유기용제의 구분 표시

표 1.22 유기용제의 허용 소비량

소비 유지용제의 구분	허용 소비량 $W(g)$
제1종 유기용제 등	$W = 1/15 \times A$
제2종 유기용제 등	$W = 2/15 \times A$
제3종 유기용제 등	$W = 3/2 \times A$

※ $A(\text{m}^3)$: 작업장의 기적(바닥으로부터 4m를 넘는 높이에 있는 공간을 제외). 다만 기적
   이 150m³를 넘는 경우는 150m³로 한다.
※ 예를 들어 기적이 75m³인 실험실에서 초산에틸을 이용하는 경우, 허용 소비량은 10g(약
   11.15mL)이 된다. 그 이상 소비하는 경우에는 유기칙의 대상이 된다.

1.4.4 지정 약물

「의약품 의료기기 등 법」(의약품, 의료기기 등의 품질, 유효성 및 안전성의 확보 등에 관한 법률)에서 지정 약물로서 단속되고 있는 물질로, 일반적으로 위험 약물이라고 부른다. 중추 신경계의 흥분 혹은 억제, 환각 또는 마취 작용을 유발한다고 인정되는 물질을 지정하고 '의료 등의 용도' 이외에 제조, 소지, 사용하는 것을 금지하고 있다. 유기 합성에 사용하는 화학물질도 지정되고 있는 일이 있어 대학 등 연구기관에서는 연구 등에 사용할 수가 있지만 단기간에 지정 약물에서 마약으로 지정 대체되는 물질도 있다. 따라서 주의 깊게 법 개정 정보를 확인한 후 엄중한 관리가 필요하다.

지정 약물의 상세 정보는 표 1.2 등 문헌 및 인터넷 검색을 통해 조사할 수 있다. 또 자치단체에 따라서는 지정 약물 이외의 약물도 지사 지정 약물로 정해 조례로 단속하고 있는 경우가 있으므로 주의가 필요하다.

【취급법】과 【방호법】은 1.4.2항, 1.4.3항 참조.

1.4.5 발암물질

특정 화학물질은 발암성이 높은 물질이지만 그 이외에도 화학 실험에 사용하는 시약류에는 사람에 대해서 발암성을 가지는 것이 있다. 「노동안전위생법」에서는 요로계 기관, 혈액, 폐에 암 등의 종양을 일으키는 것이 분명한 물질인 벤지딘 및 그 염, 4-아미노디페닐 및 그 염, 석면, 4-니트로디페닐 및 그 염, 비스(클로로메틸)에테르, β-나프틸아민 및 그 염 등의 제조 등(수입, 양도, 제공, 사용)을 금지하고 있다.

IARC(International Agency for Research on Cancer)가 공표한 발암물질의 분류에 의거해 일본 산업위생학회 허용농도위원회가 정한 발암물질을 표 1.23에 나타냈다. 이것은 모든 발암물질을 망라한 것이 아니므로 주의해야 한다. 그 밖에도 발암물질

에 대해, IARC, EPA, ACGIH 등의 기관이 공표하고 있지만 반드시 발암성으로 단정하기에 충분한 정보를 수집하지 않은 채 미검증된 상태로 발암성 경고를 기재한 것도 있다.

【취급법】은 1.4. 3항을, 【방호법】은 1.4. 2항을 참조.

표 1.23 발암물질(일본 산업위생학회의 발암 분류에 의거)

제1군 사람에 대해 발암성이 있는 물질	
에리오나이트	2, 3, 7, 8-테트라클로로디벤조-p-다이옥신
에틸렌옥사이드(산화에틸렌)	전리방사선
염화비닐	트리클로로에틸렌*
카드뮴 및 카드뮴 화합물*	2-나프틸아민
크롬화합물(육가)	니켈화합물(제련 분진)*
셰일오일	비스(클로로메틸)에테르
결정질 실리카	비소 및 비소화합물*
광물유(미정제 및 반정제품)	4-비페닐아민(4-아미노비페닐, 4-아미노디페닐)
콜타르	
콜타르 피치 휘발물	1, 3-부타디엔
1, 2-디클로로프로판	벤지딘
매연	벤젠
석면	벤조트리클로리드
담배 연기	목재 분진
탈크(석면 섬유 함유 제품)	황화디크롤디에틸(머스터드 가스, 이페리트)
제2군 A 사람에 대해 발암성이 의심되는 물질(증거가 보다 충분)	
아크릴아미드	디클로로메탄'
아크릴로니트릴	CI 다이렉트 브라운 95**
인듐화합물(무기, 난용성)	CI 다이렉트 블랙 38**
에피클로로히드린	CI 다이렉트 블루-6**
염화디메틸카르바모일	1, 2, 3-트리클로로프로판
염화벤잘	o-톨루이딘
염화벤질	불화비닐
글리시드	베릴륨 및 베릴륨화합물*
클레오소트	벤조[a]피렌
4-클로로-o-톨루이딘	포름알데히드
클로로메틸메틸에테르(공업용)	폴리염화비페닐(PCB)
3, 3′-디클로로-4, 4′-디아미노디페닐메탄(MBOCA)	황산디에틸
1, 2-디브로모에탄	황산디메틸
브롬화비닐	인산트리스(2, 3-디브로모프로필)
스틸렌옥사이드	

아크릴산에틸
아세트아미드
아세트알데히드
o-아니시딘
아미트롤
o-아미노아조톨루엔
p-아미노아조벤젠
안트라키논
이소프렌
우레탄
HC블루 No.1
에틸벤젠
에틸렌이민
에틸렌우레아
1, 2-에폭시부탄
염소화파라핀
오일 오렌지 SS
오라민(공업용)
가솔린
카테콜
카본블랙
쿠멘
글리시드알데히드
클로로데콘
클로르데인
p-크레시딘
클로렌드산
p-클로로아닐린
클로로탈로닐
p-클로로-o-페닐렌디아민
1-클로로-2-메틸프로펜
3-클로로-2-메틸프로펜
클로로프렌
클로로페녹시초산 제초제
클로로포름
고주파 전자계(장)
오산화바나듐
코발트 및 코발트화합물

p-디메틸아미노아조벤젠
1, 1-디메틸히드라진
3, 3′-디메틸벤지딘(o-톨리딘)
N, N-디메틸포름아미드
3, 3′-디메톡시벤지딘(o-디아니시딘)
인조광물섬유(세라믹 섬유, 유리미세 섬유)
스틸렌
4, 4′-티오디아닐린
티오 요소
초저주파자계(장)
DDT
1, 1, 2, 2-테트라클로로에탄
테트라클로로에틸렌
테트라니트로메탄
테트라플루오르에틸렌
트리클로로에틸렌
트리판블루
톨루엔 디이소시아네이트류
나이트로젠마스타드-N-옥사이드
나프탈렌
납 및 납화합물(무기)*
이산화티탄
니켈화합물(니켈카르보닐, 제련분진을 제외한다)*
니트리로트리초산과 그 염
5-니트로아세나프텐
2-니트로아니솔
N-니트로소디에탄올아민
N-니트로소몰포린
2-니트로프로판
니트로벤젠
니트로메탄
2, 2-비스(브로모메틸)프로판-1,3-디올
비튜멘(역청질)
히드라진
4-비닐 시클로헥센
4-비닐 시클로헥센 디옥사이드
페닐글리시드에테르
프탈산디-2-에틸 헥실

질산비닐
삼산화안티몬
CI 애시드 레드 114
CI 다이렉트 블루 15
CI 베이식 레드 9
사염화탄소
N, N-디아세틸벤지딘
2, 4-디아미노아니솔
4, 4′-디아미노디페닐에테르
2, 4-디아미노톨루엔
1, 2-디에틸 히드라진
디에폭시부탄
디에탄올아민
1, 4-디옥산
디클로르보스
1, 2-디클로로에탄
3, 3′-디클로로-4,4′-디아미노디페닐에테르
1, 4-디클로로-2-부텐
1, 3-디클로로-2-프로판올
1, 3-디클로로프로펜(공업용)
3,3′-디클로로벤지딘
p-디클로로벤젠
디글리시딜레조르시놀에테르
디스퍼스 블루-1
시트러스 레드 No. 2
2, 4-(또는 2, 6-)디니트로톨루엔
1, 8-디히드록시안트라퀴논(단트론)†
1, 2-디브로모-3-클로로프로판
2, 3-디프로모프로판1-올
2, 6-디메틸아닐린(2, 6-키시리진)

β-부티로락톤
퓨란
브로모디클로로메탄
1,3-프로판설톤
β-프로피오락톤
프로필렌옥사이드
헥사클로로시클로헥산류
헥사메틸포스포르아미드
헵타클로로
벤질바이올렛 4B
벤조페논
벤조퓨란
(2-포르밀히드라진)-4-(5-니트로-2-푸릴)티아졸
폴리클로로페놀류(공업용)
폴리브롬화비페닐류
폰소-3R
폰소-MX
마이렉스
진홍색(CI 베이식 레드9 함유 제품)
메탄설폰산에틸
2-메틸아지리딘(프로피렌이민)
메틸이소부틸케톤†
메틸수은화합물
α-메틸스틸렌†
2-메틸-1-니트로안트라퀴논
N-메틸-N-니트로소우레탄
4, 4′-메틸렌디아닐린
4, 4′-메틸렌비스(2-메틸아닐린)
황산 디이소프로필

* 암을 유발하는 모든 물질이 분류되어 있는 것은 아님
** 벤지딘에 대사되는 색소
† 잠정 분류

1.4.6 질병 화학물질

노동기준법에 규정되어 있는 업무상 질병 중 화학물질과 관련이 있는 것을 표 1.24
에 나타냈다.

표 1.24 화학물질과 관련 있는 업무상 질병(노동기준법에 따른다)

화학물질 등에 의한 질병

1. 후생노동대신이 지정하는 화학물질 및 화합물(합금을 포함한다)에 노출되는 업무에 의한 질병 이며, 후생노동대신이 정하는 것
2. 불소 수지, 염화비닐 수지, 아크릴 수지 등 합성 수지의 열분해 생성물에 노출되는 업무에 의한 눈 점막 염증 또는 기도 점막 염증 등의 호흡기 질환
3. 그을음, 광물유, 옻, 타르, 시멘트, 아민계의 수지경화제 등에 노출되는 업무에 따른 피부 질환
4. 단백질 분해 효소에 노출되는 업무에 의한 피부염, 결막염 또는 비염, 기관지 천식 등의 호흡기 질환
5. 목재의 분진, 짐승 털의 먼지 등이 비산하는 장소에서의 업무 또는 항생물질 등에 노출되는 업무에 의한 알레르기성 비염, 기관지 천식 등의 호흡기 질환
6. 낙면 등의 분진이 비산하는 장소에서의 업무에 의한 호흡기 질환
7. 석면에 노출되는 업무에 의한 양성 석면 흉수 또는 만성 흉막 비후
8. 공기 중 산소 농도가 낮은 장소에서의 업무에 의한 산소 결핍증
9. 1에서 8까지 열거한 것 외, 이들 질병에 부수하는 질병 그 외 화학물질 등에 노출되는 업무에 기인하는 것이 분명한 질병

발암물질 또는 발암성 인자나 발암성 공정 업무와 관련한 질병

1. 벤지딘에 노출되는 업무에 의한 요로계 종양
2. β-나프틸아민에 노출되는 업무에 의한 요로계 종양
3. 4-아미노디페닐에 노출되는 업무에 의한 요로계 종양
4. 4-니트로디페닐에 노출되는 업무에 의한 요로계 종양
5. 비스(클로로메틸)에테르에 노출되는 업무에 의한 폐암
6. 베릴륨에 노출되는 업무에 의한 폐암
7. 벤조트리클로라이드에 노출되는 업무에 의한 폐암
8. 석면에 노출되는 업무에 의한 폐암 또는 중피종
9. 벤젠에 노출되는 업무에 의한 백혈병
10. 염화비닐에 노출되는 업무에 의한 간혈관육종 또는 간세포암
11. 1,2-디클로로프로판에 노출되는 업무에 의한 담관암
12. 디클로로메탄에 노출되는 업무에 의한 담관암
13. 전리 방사선에 노출되는 업무에 의한 백혈병, 폐암, 피부암, 골육종 갑상선암, 다발성 골수종 또는 비호지킨 림프종
14. 오라민을 제조하는 공정에서의 업무에 의한 요로계 종양
15. 진홍색을 제조하는 공정에서의 업무에 의한 요로계 종양
16. 코크스 또는 발생로 가스를 제조하는 공정에서의 업무에 의한 폐암
17. 크롬산염 또는 중크롬산염을 제조하는 공정에서의 업무에 의한 폐암 또는 상기도의 암
18. 니켈의 제련 또는 정련을 실시하는 공정에서의 업무에 의한 폐암 또는 상기도의 암
19. 비소를 함유하는 광석을 원료로서 금속의 제련 또는 정련을 실시하는 공정 또는 무기 비소

화합물을 제조하는 공정에서의 업무에 의한 폐암 또는 피부암

20. 그을음, 광물유, 타르, 피치, 아스팔트 또는 파라핀에 노출되는 업무에 의한 피부암

21. 1에서 20까지 열거한 것 외, 이러한 질병에 부수하는 질병 그 외 발암성 물질 또는 발암성 인자에 노출되는 업무 또는 발암성 공정에서의 업무에 기인하는 분명한 질병

또 표 1.24의 앞 부분에서 열거한 「후생노동대신이 지정하는 화학물질 및 화합물에 노출되는 질병이며, 후생장관이 정하는 것」으로 거론된 화학물질을 표 1.25에 나타냈다(증상 또는 장해는 생략했다).

표 1.25 후생노동대신이 지정하는 화학물질·화합물

무기산 및 알칼리		암모니아 염소(염화수소를 포함) 과산화수소 질산	수산화칼륨 수산화나트륨 수산화리튬 불화수소산(불화수소를 포함한다. 이하 같다)	퍼옥소이황산암모늄 퍼옥소이황산칼륨 황산
금속(셀렌 및 비소 포함) 및 그 화합물		아연 등의 금속 흄 알킬수은화화합물(알킬기가 메틸기 또는 에틸기인 것에 한정한다. 이하 같다) 안티몬 및 그 화합물 인듐 및 그 화합물 염화아연 염화백금산 및 그 화합물 카드뮴 및 그 화합물 크롬 및 그 화합물	코발트 및 그 화합물 사알킬납화합물 수은 및 그 화합물(알킬수은 화합물을 제외) 셀렌 및 그 화합물(셀렌화수소를 제외) 셀렌화수소 타륨 및 그 화합물 납 및 의 화합물(4알킬납 화합물을 제외)	니켈 및 그 화합물 (니켈카르보닐을 제외) 니켈카르보닐 바나듐 및 그 화합물 비화수소 비소 및 그 화합물(비화수소를 제외) 부틸주석 베릴륨 및 그 화합물 망간 및 그 화합물 로듐 및 그 화합물
할로겐 및 그 무기 화합물		염소 브롬	불소 및 그 무기 화합물 (불화수소산을 제외)	요오드
인, 황, 산소, 탄소 및 이들의 무기 화합물		아지화나트륨 일산화탄소 황린 칼슘시안아미드	시안화수소, 시안화나트륨 등의 시안 화합물 이아황산나트륨 이산화황, 이산화질소	이황화탄소 히드라진 포스겐 포스핀, 황화수소
지방족 화합물	지방족 탄화수소 및 그 할로겐화합물	염화비닐 염화메틸 클로로프렌 클로로포름 사염화탄소 1, 2-디클로로에탄(2염화에틸렌) 1, 2-디클로로에틸렌(2염화아세틸렌)	디클로로메탄 브롬화에틸 브롬화메틸 1,1,2,2-테트라클로로에탄(사염화아세틸렌) 테트라클로로에틸렌(퍼클로에틸렌) 1,1,1-트리클로로에탄 1,1,2-트리클로로에탄	트리클로로에틸렌 노말헥산 1-브로모프로판 2-브로모프로판 요오드화메틸

지방족 화합물	알코올, 에테르, 알데히드, 케톤 및 에스테르	아크릴산에틸 아크릴산부틸 아클로레인 아세톤 ISO 아밀 알코올(ISO 펜틸알코올) 에틸에테르 에틸렌클로로히드린 에틸렌글리콜모노메틸에테르(메틸셀로솔브)	2, 3-에폭시프로필=페닐에테르 글루탈알데히드 초산아밀 초산에틸 초산부틸 초산프로필 초산메틸 2-시아노아크릴산메틸 니트로글리콜	니트로글리세린 2-히드록시에틸메타크릴레이트 포름알데히드 메타크릴산메틸 메틸알코올 메틸부틸케톤 황산디메틸
	기타 지방족 화합물	아크릴아미드 아타리로니트릴 에치렌이민 에틸렌 디아민	에피클로로히드린 산화에틸렌 디아조메탄 디메틸아세트아미드	디메틸포름아미드 헥사메틸렌디이소시아네이트 무수말레산
	지환식 화합물	이소포론디이소시아네이트 시클로헥산올	시클로헥사논	디시클로헥실메탄-4,4′-디이소시아네이트
방향족 화합물	벤젠 및 그 동족체	크실렌 스틸렌	톨루엔 *p-tert*-부틸페놀	벤젠
	방향족 탄화수소의 할로겐화물	염소화나프탈린	염소화비페닐(PCB)	벤젠염화물
	방향족 화합물의 니트로 또는 아미노 유도체	아니시진 아닐린 클로로디니트로벤젠 4, 4′-디아미노디페닐메탄 디니트로페놀 디니트로벤젠	디메틸아닐린 트리니트로톨루엔(TNT) 2, 4, 6-트리니트로페닐메틸니트로아민(테트릴) 톨루이딘 *p*-니트로아닐린	*p*-니트로클로로벤젠 니트로벤젠 *p*-페닐렌디아민페네티딘
	기타 방향족 화합물	크레졸 클로로헥시딘 토릴렌 디이소시아네이트(TDI) 1, 5-나프틸렌디이소시아네이트 비스페놀 A형 및 F형 에폭시 수지	히드로퀴논 페닐페놀 페놀(석탄산) o-프타로디니트릴 벤조트리클로라이드	무수 트리멜리트산 무수프탈산 메틸렌비스페닐이소시아네이트(MDI) 4-메톡시페놀 인산트리-o-크레질 레조르신
	복소환식 화합물	1, 4-디옥산 테트라히드로퓨란	피리딘	헥사히드로-1, 3, 5-트리니트로-1, 3, 5-트리아진

| 농약 기타 약제의 유효성분 | 유기인 화합물[디티오인산 O-에틸＝S,S-디페닐(EDDP)-디티오인산 O,O-디에틸＝S-(2-에틸티오에틸)(에틸티오메톤), 티오인산 O,O-디에틸＝O-2-이소프로필-4-메틸-6-피리미디닐(다이아지논), 티오인산 O,O-디메틸＝O-4-니트로메타트릴(MEP), 티오인산 S-벤질＝O,O-디이소프로필(IBP), 페닐포스포노티온산 O-에틸＝O-p-니트로페닐(EPN), 인산 2,2-디클로로비닐＝디메틸(DDVP) 및 인산-p-메틸티오페닐＝디프로필(프로파포스)] | 카바메이트계 화합물[메틸카르바미드산-o-세컨더리부틸페닐(BPMC), 메틸카르바미드산메타트릴(MTMC) 및 N-(메틸카르바모일옥시)티오아세트이미드산 S-메틸(메소밀)] 2,4-디클로로페닐-p-니트로페에테르(NIP) 디티오카바메이트계 화합물[에틸렌비스(디티오카르바미드산) 아연(지네브) 및 에틸렌비스(디티오카바미드산) 망간(마네브)] N-(1,1,2,2-테트라클로로에틸티오)-4-시클로헥센-1,2-디카복시미드(다이홀탄) | 테트라메틸티우람디술피드 트리클로로니트로메탄(클로로피크린) N-(트리클로로메틸티오)-1,2,3,6-테트라히드로프탈이미드 2염화1,1'-디메틸-4,4'비피리디늄(파라코트) p-니트로페닐＝2,4,6-트리클로로아닐＝에테르(CNP) 브라스트사이딘 S 6,7,8,9,10,10-헥사클로로-1,5,5a,6,9,9a-헥사 히드로-6,9-메타노-2,4,3-벤조디옥사테핀 3-옥시드(벤조에핀) 펜타클로로페놀(PCP) 모노플루오르 초산나트륨 황산니코틴 |

1.5.1 방사성 물질과 피폭

방사성 물질이란 방사선을 방출하는 물질의 총칭이다. 또 방사선을 방출하는 능력을 방사능이라고 부른다.

자연계에서 방사성 물질은 도처에 존재하고 있고 대지에 존재하는 우라늄(^{238}U), 대기 중의 라돈(^{222}Rn), 그리고 식품 중에 포함되는 칼륨(^{40}K) 등이 유명하다. 이들 자연계 중의 방사성 물질로부터 나오는 방사선에 의해 우리는 항상 피폭되고 있다. 피폭 시 피폭량의 단위로는 Sv(시벨트)가 이용되고 있고(표 1.26), 연간 약 2.1mSv의 피폭을 자연 유래 방사선으로부터 받고 있다. 그 내역은 대지 안의 방사성 물질이나 우주로부터의 방사선에 의해(외부 피폭으로서) 연간 0.6mSv, 공기나 식품 등과 함께 체내에 방사성 물질을 섭취하는 것에 의해(내부 피폭) 연간 1.5mSv이다. 또 자연에서 흘러나오는 방사선과는 별도로 뢴트겐이나 CT 스캔 등의 의료 행위에 의한 인공 방사선원의 피폭도 생각할 수 있다. 특히 고도의 의료 행위를 받으면 그 비율이 높아져 연간 평균 2.2mSv의 피폭을 인공 방사선원으로부터 받는다.

표 1.26 방사선의 단위

Bq	베크렐 (S⁻¹)	하나의 방사성 핵종이 1초간 1회 붕괴하여 방사선을 방출하는 경우를 1Bq로 정의한다.
Gy	그레이 (Jkg⁻¹)	방사선에 의해 1kg의 물질에 1J의 에너지가 흡수되었을 때의 흡수선량이라고 정의한다.
Sv	시버트 (Jkg⁻¹)	방사선의 인체 영향을 나타내는 단위. 흡수선량(Gy)에 방사선의 선질계수(방사선에 의해 인체에 미치는 영향이 다르기 때문에)를 곱한 수량이다.

1.5.2 방사성 물질 취급의 기본

실험 연구에서 방사성 물질이나 방사선은 고감도 분석을 할 수 있는 등의 이점 때문에 중요하게 자리매김하고 있으며 그 사용법도 다방면에 걸쳐 있다. 방사성 물질로서 다양한 화합물이 시판품으로 판매되고 있으므로 용이하게 입수할 수 있고 사용량도 1실험당 소량인 점에서 많은 연구자가 이용하고 있다. 또 탁상 X선 장치로 대표되듯이 구조 해석이나 정량 정성 분석 시에 필수적이다. 최근에는 대형 가속기 시설의 고강도 빔을 이용하는 등 지금까지는 관측 불가능했던 영역도 해명할 수 있게 되었다.

방사성 물질이나 방사선 이용은 편리한 한편 사용 방법을 잘못 숙지하거나 사고에 이를 경우에는 과잉 피폭되는 위험성도 생각해야 한다. 만일 과잉 피폭했을 경우에는 그 피폭량에 따라 다양한 신체적 영향이 나타나는 것으로 알려져 있다. 고선량의 피폭을 당했을 경우는 중대한 장해가 남거나 생명과도 직결되는 위험이 있을 수 있기 때문에 주의가 필요하다.

방사성 물질이나 방사선과 관련해서는 「원자력기본법」이나 「방사선장해방지법」에서 취급을 엄격하게 규제하고 있는 동시에 노동자의 안전을 지키기 위한 관점에서 「전리 방사선 장해 예방 규칙」이 규정되어 있다. 관련 법률이나 규칙에서는 방사성 물질이나 방사선을 사용하는 작업에 종사하는 사람에게 허가되고 있는 피폭량이나 취급이 허가되고 있는 방사성 물질량 등을 구체적으로 규정하고 있다.

【취급법】

일반적으로 방사성 물질 등을 취급하는 경우에는 다음의 규칙을 반드시 지켜야 한다.

① 방사선 관리 구역 내에서 반드시 사용한다. 또 방사선 관리 구역을 관리하는 방사선 취급 주임자의 지시를 반드시 따라야 한다.

② 실험을 실시하기 전에 방사선 취급 주임자에게 어떠한 실험을 실시하는지 무슨

방사성 동위 원소를 사용하는지, 그 양은 어느 정도인지 또 피폭 저감 조치는 어떻게 하는지 반드시 상담해야 한다.

③ 방사성 물질을 이용한 실험을 실시하기 전에 콜드 런(방사성 물질 대신 안정 물질을 사용하는 실험)을 반드시 실시한다.

④ 방사성 물질을 사용할 경우에는 반드시 핵종명, 사용량, 사용 방법 및 폐기 방법 등에 대해 기록한다.

⑤ 실험 중에는 측정기를 이용해 공간 선량을 모니터링한다. 또 개인 선량계 등으로 자신의 피폭량을 반드시 확인한다.

⑥ 이상이 발생했을 경우는 즉석에서 방사선 취급 주임자에게 보고한 후 처치를 실시한다.

여기에 나타낸 규칙 이외에도 방사선 시설에 따라 세부 규정이 정해져 있으므로 숙지할 필요가 있다. 또 방사선 시설에는 반드시 방사선 취급 주임자가 상주하고 있으므로 모르는 사항이 있으면 상담하면 좋다.

【방호법】

방사성 물질(핵종)이 방출하는 방사선에는 몇 종류가 있고, 특징도 각각 다르다. 피폭에 대한 방호 방법도 사용하는 방사성 물질에 맞추어 바꾸어야 한다. 실험 등에서 자주 이용되는 방사성 물질(핵종)이 방출하는 방사선의 종류와 방호 방법을 표 1.27에 나타낸다.

표 1.27 방사선의 종류별 방호법과 대표적인 방사성 물질(핵종)

종류	특징	일반적인 방호법	대표적 방사성 물질(핵종)
α선	헬륨 원자핵, 투과성이 낮다	종이를 잘라 막는다	^{238}U, ^{239}Pu, ^{241}Am
β선	전자, 양전자	아크릴판 등으로 차폐	^{32}P, ^{35}S, ^{14}C, ^{3}H
$\gamma \cdot X$선	전자파, 투과성이 높다	납과 같은 중금속으로 차폐	^{60}Co, ^{54}Mn, ^{152}Eu
중성자선	원자핵과 반응	콘크리트 등으로 차폐	^{252}Cf

● α선은 투과성이 낮아 종이 1매로 막을 수가 있기 때문에 일반적인 실험복을 입고 있으면 외부 피폭을 신경 쓸 필요는 없지만 방사성 물질이 체내에 투입되었을 경우 내부 피폭의 영향이 크기 때문에 마스크 등으로 체내 흡입을 방지할 필요가 있다.

- β선을 방출하는 방사성 물질을 취급하려면 알루미늄이나 플라스틱과 같은 원자 번호가 작은 것으로 차폐한다. 자주 이용되는 것은 1cm 두께의 아크릴판으로 실험자의 몸과 β 핵종 사이에 칸막이를 두면 좋다.
- γ선이나 X선의 차폐에는 납과 같이 원자번호가 큰 무거운 금속이 필요하다. 항상 피폭 위험에 노출되어 있는 직업자는 납이 든 앞치마를 하는 등의 방법으로 피폭 저감에 주의를 기울이고 있다. 또 연판과 같은 중량물을 칸막이로 설치하는 것은 도괴 등의 위험도 있고 현실적이지 않는 경우도 있을 수 있다. 그럴 때는 작업 시간을 짧게 하는 등 피폭량을 가능한 한 저감하도록 실험 계획을 세우면 좋다.

어느 경우든 실험 환경이 어느 정도의 공간 선량인지를 파악하는 것은 필수이므로 측정기로 항상 측정하면서 실험을 실시할 필요가 있다.

1.5.3 외부 피폭과 피폭 방호 3원칙

실험에 강β선, X선, γ선 및 중성자선을 이용하는 경우에는 외부 피폭이 예상된다. 일반적으로 외부 피폭이 예상되면 다음의 피폭 방호 3원칙에 따라 저감 조치를 실시한다.

① 차폐를 한다.

방사선원과 실험자 사이에 적절한 차폐재(아크릴판 등)를 두어 피폭량을 줄인다.

② 작업 시간을 짧게 한다.

피폭량은 시간과 함께 증가하기 때문에 피폭하는 작업 시간은 가능한 한 짧게 한다. 따라서 실험 계획을 세워 작업 순서를 미리 검토한다.

③ 방사선원으로부터 거리를 둔다.

피폭 선량은 거리의 제곱에 반비례해 작아지기 때문에 가능한 한 방사선원으로부터 멀어진다.

이러한 3원칙을 잘 조합해 가능한 한 피폭 선량을 줄이는 것이 중요하다.

1.5.4 내부 피폭과 실효 반감기

내부 피폭이란 방사성 물질을 섭취했을 때 신체의 안쪽으로부터 방사선에 의해 피폭되는 것을 말한다. 생체 영향은 외부 피폭과 기본적으로 동일하지만 다음과 같은 특징이 있어 대책이 필요하다.

A. 방사성 핵종의 조직 집적성과 결정 기관

방사성 물질은 주로 흡입, 경구, 경피를 통해 채내로 들어가며, 이후 체내 조직에 균일하게 분포하는 경우와 특정 조직에 쌓이는 경우가 있다. 이때 신체적 장애의 주된 원인이 되는 장기, 조직을 결정 기관이라고 한다.

B. 실효 반감기

체내에 들어온 방사성 물질은 물리학적 반감기에 의한 감소나 신진대사 등(생물학적 반감기)에 의해 배출된다. 실제로는 그것들을 합산한 실효 반감기에 따라 감쇠한다. 표 1.28에 반감기와 결정 기관의 예를 나타낸다.

표 1.28 방사성 핵종과 그 반감기 및 결정 기관의 예

	물리학적 반감기	생물학적 반감기	실효 반감기	결정 기관
요오드-131 (^{131}I)	8일	110일	7.5일	갑상선
세슘 137 (^{137}Cs)	30년	120일	109일	전신 근육
스트론튬-90 (^{90}Sr)	28.8년	49년	18년	뼈
플루토늄-239 (^{239}Pu)	24,000년	50년	50년	뼈

요오드-131은 휘발하기 쉬운 성질이며 체내에 들어가면 갑상선에 쌓인다. 물리학적 반감기가 짧기 때문에 단위량당 방사능(비방사능)이 높아 흡입하지 않도록 주의해야 한다. 스트론튬-90은 칼슘과 유사한 작용을 하기 때문에 뼈에 흡수되어 비교적 긴 반감기를 가지며 장기에 걸쳐 영향을 준다. 또 플루토늄이나 우라늄(반감기 45억 년)과 같은 반감기가 매우 긴 핵종은 방사선량이 적다. 반면 중금속으로서의 독성이 강하므로 체내 섭취는 특별히 조심해야 한다. 방사성 물질이 체내에 흡수되면 인위적으로 없애는 것은 매우 어렵다. 방사성 물질이 체내에 흡수되지 않도록 차단하는 것이 내부 피폭 방지 대책이 된다.

1.5.5 피폭 선량의 한도

계획대로 실험을 실시하고 법정이나 규칙으로 정해진 범위 내에서 받는 피폭에 대해서는 건강 피해를 고려할 필요가 없다. 법정으로 정해진 피폭량의 한도에 대해서는 표 1.29에 나타낸다.

표 1.29 방사선 작업 종사자의 선량 한도

실효 선량 한도	5년간 100mSv까지. 한편 특정 1년에 50mSv를 넘지 않는다. 임신 가능한 여성은 3개월에 5mSv를 넘지 않는다. 임신 중 여성은 임신 진단 시부터 출산까지 1mSv를 넘지 않는다.
눈의 수정체 등가 선량 한도	1년간 150mSv를 넘지 않는다.
피부의 등가 선량 한도	1년간 500mSv를 넘지 않는다.

만일 선량 한도를 넘을 것 같은 경우는 방사선 취급 주임자와 상담하여 방사성 물질이나 방사선 발생 장치 등을 취급하지 않도록 조치를 취한다.

1.5.6 피폭에 의한 신체적 영향

피폭을 당했을 때의 생물에 미치는 영향은 크게 신체적 영향과 유전적 영향으로 나눌 수 있다. 일반적으로는 방사선 장해라고 하면 피폭한 생물 자신에게 나타나는 신체적 영향을 가리킨다. 신체적 영향은 피폭량이나 피폭하는 장소에 따라 증상의 심각도, 발병할 때까지의 시간 그리고 발증 확률이 바뀐다.

A. 확정적 영향

어느 일정량 이상 피폭을 당했을 경우에 확실히 증상이 나타나는 것을 총칭해 확정적 영향이라 하며 확정적 영향의 특징은 다음과 같다.

① 어느 일정 레벨 이상의 피폭을 당했을 경우에 그 영향이 나타나고 일정 레벨 이하의 경우는 영향이 나타나지 않는 임계값(1~5%의 사람에게 영향이 나타나는 선량)이 존재한다.

② 영향이 나타날 때까지의 시간은 며칠부터 수개월 사이로 비교적 짧다(급성 영향).

　ㄱ. 피폭 선량이 증가함에 따라 신체에 미치는 영향도 심각해진다.

　ㄴ. 피폭 장소(전신, 특정 부위)에 따라 나타나는 영향이 다르다.

전신이 피폭됐을 경우 급성 영향의 예를 표 1.30에 나타낸다. 전신에 투과성이 높은 방사선을 쐬었을 경우에는 그 피폭량에 대응한 증상이 나타난다. 보통은 수 100mSv까지라면 뚜렷한 전신 증상은 나타나지 않지만 수 1000mSv를 넘은 피폭으로 사망하는 사람이 나오기 시작해 7000mSv가 넘는 피폭을 당했을 때는 적절한 의료 행위를 받지 않으면 거의 사망한다.

또 전신이 아닌 신체의 일부분에만 피폭됐을 경우의 급성 영향의 예를 표 1.31에 나타낸다. 피폭을 받은 부위에 따라서 증상이 발생하는 선량이나 증상이 다른 것을 알 수 있다. 또 그것으로부터 방사선에 대한 저항성이 신체 부위에 따라 다른 것을 알 수 있다. 일반적으로 세포 분열이 왕성한 부위(예를 들어 골수나 생식선)는 방사선에 대한 저항성이 약하고 반대로 뼈나 피부, 중추 신경 등은 방사선에 대한 저항성이 강한 것으로 알려져 있다.

표 1.30 피폭 선량과 신체적 영향의 관계(전신 피폭)

피폭선량 (mSv)	신체적 영향
0~500	명확한 증상 없음
500~1000	조혈 기능 저하, 염색체 이상
1000~3000	전선 권태감, 구토
3000~5000	50%의 사람이 사망한다.
7000~	100%의 사람이 사망한다.

※Sv(시버트)라는 단위는 장기간의 영향을 나타내기 위한 단위이기 때문에 대선량을 피폭당했을 경우의 급성 영향에서는 GyEq(Gray Equivalent)로 나타내는 것이 적절하다. 여기서는 알기 쉽게 Sv 단위로 비교했다.

표 1.31 피폭 선량과 대표적인 신체적 영향 관계(부분 피폭)

신체 부위		선량(mSv)	신체적 영향
눈의 수정체		500~2000 5000	수정체의 혼탁 백내장
생식기	남	150 3500~6000	일시 불임 완전 불임
	녀	650~1500 2500~7000	일시 불임 완전 불임
피부 (피폭 부위에서만 영향이 나타난다)		2000 3000~20000 20000~25000 25000~	초기 붉은 반점 충혈, 탈모 미란 괴사

B. 확률적 영향

확률적 영향으로 분류되는 신체적 영향은 주로 발암이다. 상기의 확정적 영향은 임계값이라고 하는 일정한 피폭 선량이 존재했지만, 확률적 영향에서는 임계값은 존재하지 않는다. 확률적 영향의 특징은 다음과 같다.

① 임계값이 존재하지 않고, 피폭 선량이 증대함과 더불어 장래적으로 암이 발병할 확률도 증대한다.

② 발암으로서 증상이 나타나기까지 긴 시간이 걸린다(만발 영향. 암 연령까지 발병

하지 않는다).

③ 100mSv 미만의 피폭 선량에 대해서는 명확한 확률 상승은 인정되지 않는다.

100mSv 이상 피폭됐을 경우에 대해서는 히로시마·나가사키의 원자폭탄 피폭자와 비피폭자에 대한 오랜 기간에 걸친 대규모 조사(코호트 연구)에서 결과를 얻을 수 있다. 그에 따르면 100mSv를 피폭당했을 경우에 장래에 걸치는 발암 확률이 0.5% 높아지는 것을 알 수 있다.

또 100mSv 미만의 피폭에 관해서는 암 발생 확률이 상승하는 것에 의미 있는 차이는 없어 보인다. 이것이 의미하는 것은 암 발생의 요인에는 방사선뿐 아니라 장기간에 걸친 생활 습관(담배, 과식, 지병) 등이 복잡하게 관련된 것으로 알려져 있으며, 그러한 요인에 따라 다르기는 하지만 발생률의 변동폭이 방사선에 의한 확률 상승폭보다 훨씬 크기 때문에 수치로 나타내는 것이 곤란하다.

1.6 환경오염물질

사람의 건강과 자연환경을 해치는 환경오염물질은 그 배출이 법령에 의해 규제되고 있다. 법령의 핵심인 「환경기본법」에는 「환경기준」이 제시되어 있다. 환경기준은 사람의 건강 등을 유지하기 위한 최저한도가 아닌 목표로 하여 보다 적극적으로 '유지되는 것이 바람직한 기준'이다. 또 오염이 현재 진행되고 있지 않은 지역에 대해서는 적어도 현상보다 악화되지 않게 환경기준을 설정하고 유지하는 것이 목표가 된다. 벌칙 등은 정해지지 않았다.

기준을 달성하기 위해서 「대기오염방지법」, 「수질오탁방지법」, 「토양오염대책법」 등이 제정되고 벌칙 등도 정해져 있다. 다이옥신류에 대해서도 환경기준을 제정하여 별도로 규제하고 있다.

2010년 이후 환경을 지키기 위한 법률이 연달아 시행되고 있다. 2012년에 지하수의 오염 대책을 중심으로 강화된 「수질오탁방지법」이 시행되었고 2014년에는 「물순환기본법」이 시행되었다. 2015년에는 「수은에 관한 미나마타 조약」을 담보하기 위해 「수은에 의한 환경오염 방지에 관한 법률」(1.6. 5항 참조)이 공포·시행되었다.

1.6.1 수질의 환경오염물질

A. 환경기준(환경기본법에 따른다)
* 수질의 환경기준에서는 「사람의 건강 보호」에 관한 기준과 「생활환경의 보전」에

관한 기준이 설정되어 있다. 전자를 표 1.32에 나타낸다. 후자는 하천, 호수와 늪, 해역에 따라 항목이나 기준값이 다르다. 본서에서는 하천의 환경기준을 나타낸다(표 1.33). 하천 이외에서는 총질소, 총인의 항목이 추가되고 해역에서는 부유물질량을 대신해 n-헥산 추출 물질이 추가된다.

- 수생생물의 보전과 관련되는 환경기준으로서 아연, 노닐페놀, 직쇄 알킬벤젠설폰산 및 그 염이 설정되었다(표 1.34). 또 2016년에 어패류 등 수생생물의 생육 보전 관점에서 호수와 늪 및 해역의 환경기준으로 저층 용존 산소량(DO)에 환경기준값(2~4mg/L 이상)이 정해졌다.

- 환경기준은 지하수에 대해서도 정해져 있다. 통상의 수질 환경기준과 다른 점은 지하수에 클로로에틸렌〔별명 : 염화비닐 또는 염화비닐 모노머(0.002mg/L 이하)〕 및 1,2-디클로로에틸렌(시스체와 트랜스체의 합계로 0.04mg/L 이하)이 정해져 있는 점이다.

표 1.32 사람의 건강 보호에 관한 환경기준[*1]

항 목	기준값[*2]	항 목	기준값
카드뮴	0.003mg/L 이하	1,1,2-트리클로로에탄	0.006mg/L 이하
총시안	검출되지 않을 것	트리클로로에틸렌	0.01mg/L
납	0.01mg/L 이하	테트라클로로에틸렌	0.01mg/L 이하
6가 크롬	0.05mg/L 이하	1,3-디클로로프로펜	0.002mg/L 이하
비소	0.01mg/L 이하	튜람	0.006mg/L 이하
총수은	0.0005mg/L 이하	시마진	0.003mg/L 이하
알킬수은	검출되지 않을 것[*3]	티오벤카브	0.02mg/L 이하
PCB	검출되지 않을 것	벤젠	0.01mg/L 이하
디클로로메탄	0.02mg/L 이하	셀렌	0.01mg/L 이하
사염화탄소	0.002mg/L 이하	불소[*4]	0.8mg/L 이하
1,2-디클로로에탄	0.004mg/L 이하	붕소[*4]	1mg/L 이하
1,1-디클로로에틸렌	0.1mg/L이하	질산성 질소 및 아질산성 질소	10mg/L 이하
cis-1,2 디클로로에틸렌	0.04mg/L 이하	1,4-디옥산	0.05mglL 이하
1,1,1-트리클로로에탄	1mg/L 이하		

*1 이러한 측정 방법은 JIS K 0102, K 0125 및 부표 「수질오탁과 관련되는 환경기준에 대하며」에 고시된 방법 등에 따르는 것이 결정되어 있다.
*2 기준값은 연간 평균값을 말한다. 전 시안에 대해서는 최곳값을 말한다.
*3 '검출되지 않을 것'이란 1의 기재 방법으로 정량 한계를 밑도는 것을 말한다.
*4 해역에는 불소, 붕소의 기준값은 적용하지 않는다.

표 1.33 생활 환경의 보전에 관한 환경기준(하천)

유형	이용 목적의 적응성	수소이온 농도(pH)	생물학적 산소 요구량 (BOD)	부유물질량 (SS)	용존산소량 (DO)	대장균군수 MPN/100mL
AA	수도 1급	6.5~8.5	1mg/L 이하	25mg/L 이하	7.5mg/L 이상	50 이하
A	수도 2급, 수산 1급, 수욕	〃	2mg/L 이하	〃	〃	1000 이하
B	수도 3급, 수산 2급	〃	3mg/L 이하	〃	5mg/L 이상	5000 이하
C	수산 3급, 공업용수 1급	〃	5mg/L 이하	50mg/L이하	〃	–
D	공업용수 2급	6.0~8.5	8mg/L 이하	100mg/L이하	2mg/L 이상	–
E	공업용수 3급	〃	10mg/L 이하	쓰레기 등의 부유가 없을 것	〃	–

표 1.34 수생생물의 보전과 관련되는 환경기준(하천)

유형	수생생물의 생육 상황 적응성	총 아연	노닐페놀	직쇄 알킬벤젠 술폰산 및 그 염
생물 A	곤들매기, 연어 매스 등 비교적 저온 지역을 좋아하는 수생생물 및 이러한 먹이 생물이 생식하는 수역	0.03mg/L 이하	0.001mg/L 이하	0.03mg/L 이하
생물 특A	생물 A의 수역 가운데 생물 A에 게재한 수생생물의 산란장(번식장) 또는 치어의 생육장으로서 특히 보전이 필요한 수역	0.03mg/L 이하	0.0006mg/L 이하	0.02mg/L 이하
생물 B	잉어, 붕어 등 비교적 고온 지역을 좋아하는 수생생물 및 이러한 먹이 생물이 생식하는 수역	0.03mg/L 이하	0.002mg/L 이하	0.05mg/L 이하
생물 특B	생물 A 또는 생물 B의 수역 가운데 생물 B에 게재한 수생생물의 산란장(번식장) 또는 치어의 생육장으로서 특히 보전이 필요한 수역	0.03mg/L 이하	0.002mg/L 이하	0.04 mg/L 이하

B. 배출기준(수질오탁방지법에 따른다)

유해물질은 환경 배출 규제를 받는다(수질오탁방지법). 실험실로부터의 배출에 유의해야 한다. 배출기준은 대개 환경기준의 10배의 농도이다(표 1.35, 표 1.36). 수질오탁방지법에서는 사고 등으로 환경에 유출했을 경우에 신고를 의무 부여한 지정 물질이 정해져 있다.

표 1.35 배수 중의 유해물질(수질오탁방지법)의 허용 농도

유해물질의 종류	허용 농도
카드뮴 및 그 화합물	카드뮴 0.03mg/L
시안 화합물	시안 1mg/L
유기인 화합물(파라티온, 메틸파라티온, 메틸디메톤 및 EPN에 한정)	1mg/L
납 및 그 화합물	납 0.1mg/L
6가 크롬 화합물	6가 크롬 0.5mg/L
비소 및 그 화합물	비소 0.1mg/L
수은 및 알킬수은, 그 외 수은 화합물	수은 0.005mg/L
알킬수은 화합물	검출되지 않을 것*
폴리염화비페닐	0.003mg/L
트리클로로에틸렌	0.1mg/L
테트라클로로에틸렌	0.1mg/L
디클로로메탄	0.2mg/L
4염화탄소	0.02mg/L
1,2-디클로로에탄	0.04mg/L
1,1-디클로로에틸렌	1.0mg/L
cis-1,2-디클로로에틸렌	0.4mg/L
1,1,1-트리클로로에탄	3mg/L
1,1,2-트리클로로에탄	0.06mg/L
1,3-디클로로프로펜	0.02mg/L
튜람	0.06mg,
시마진	0.03mg/L
티오펜카브	0.2mg/L
벤젠	0.1mg/L
셀렌 및 그 화합물	셀렌 0.1mg/L
붕소 및 그 화합물	해역 이외 : 붕소 10mg/L
	해역 : 붕소 230mg/L
불소 및 그 화합물	해역 이외 : 불소 8mg/L
	해역 : 불소 15mg/L
암모니아, 암모늄 화합물, 아질산 화합	암모니아성 질소에 0.4를 곱한 것, 아질산성 질소 및 질산성 질소의 합계량 100mg/L
1, 4-디옥산	0.5mg/L

＊ '검출되지 않을 것'이란 1971년 총리부령 제35호 제2조의 규정에 의거한 방법에 의해 검정했을 경우에 대해 그 결과가 해당 검정 방법의 정량 한계를 밑도는 것을 말한다.

표 1.36 폐수 중 생활환경 항목의 허용 한도[*1]

생활환경 항목	허용 한도(mg/L)	생활환경 항목	허용 한도(mg/L)
수소 이온 농도(pH)	5.8~8.6	구리 함유량	3
생물화학적 산소요구량(BOD)	160(일간 평균 120)[*2]	아연 함유량	2
화학적 산소요구량(COD)	160(일간 평균 120)	용해성 철 함유량	10
부유물질량(SS)	200(일간 평균 150)	용해성 망간 함유량	10
n-헥산 추출 물질 함유량 {광유류	5	크롬 함유량	2
동식물유지	30	대장균군수	일간 평균 3000개/mL
		질소 함유량	120(일간 평균 60)
페놀류 함유량	5	인 함유량	16(일간 평균 8)

＊1 이 폐수기준은 1일 평균 50m³ 이상의 폐수량이 있는 공장, 사업소에 적용한다.
＊2 일간 평균은 1일 폐수의 평균적인 오염 상태를 말한다.

<table>
<tr><td>사
고
예</td><td>◆2012년에 토네가와 수역의 정수장에서 포름알데히드가 검출되어 취수가 정지되어 단수된 사건이 있었다. 이것은 헥사메틸렌테트라민(HMT, 1,3,5,7-테트라아자트리시클로[3,3,1,1³․⁷] 데칸)이 하천에 방류되어 하천수 중에서 포름알데히드로 분해했기 때문이었다. 이 이후 HMT는 수질오탁방지법의 지정 물질로 지정되었다.</td></tr>
</table>

1.6.2 대기의 환경오염물질

A. 환경기준(환경기본법에 따른다)

환경기준값은 대기 중에서 1일 24시간 일평생 계속해서 섭취하는 경우의 정책 목표 기준값이다. 표 1.37에 나타내는 10항목으로 설정되어 있다. 이들 이외에는 후술하듯이 다이옥신류에도 환경기준이 설정되어 있다.

B. 배출기준(대기오염방지법에 따른다)

「대기오염방지법」에 의해 매연, 분진 등의 배출이 규제되고 있다. 2015년 수은에 관한 미나마타 조약의 적확하고 원활한 실시를 위해 공장이나 사업장에서의 사업 활동에 수반하는 수은 등의 배출도 규제하도록 개정되었다.

또 사람의 건강 또는 생활환경과 관련된 피해가 발생할 우려가 있는 물질로서 특정 물질 28물질이 정해져 있고 사고 시의 응급조치를 강구하는 것이나 통보하는 것 등이 의무화 되어 있다(표 1.38).

표 1.37 대기오염 관련 환경기준

항목	환경상 조건
이산화황 SO_2	1시간 값의 1일 평균값이 0.04ppm 이하, 또한 1시간 값이 0.1ppm 이하
일산화탄소 CO	1시간 값의 1일 평균값이 10ppm 이하, 또한 1시간 값의 8시간 평균값이 20ppm 이하
부유 입자상 물질[*1] SPM	1시간 값의 1일 평균값이 0.10mg/m³ 이하, 또한 1시간 값이 0.20mg/m³ 이하
이산화질소 NO_2	1시간 값의 1일 평균값이 0.04~0.06ppm 이하
광화학 옥시던트[*2] Ox	1시간 값이 0.06ppm 이하
벤젠	1년 평균값이 0.003mg/m³ 이하
트리클로로에틸렌	1년 평균값이 0.2mg/m³ 이하
테트라클로로에틸렌	1년 평균값이 0.2mg/m³ 이하
디클로로메탄	1년 평균값이 0.15mg/m³ 이하
미소 입자상 물질[*3] PM2.5	1년 평균값이 15μg/m³ 이하, 또한 1일 평균값이 35μg/m³ 이하

＊1 부유 입자상 물질이란 대기 중에 부유하는 입자상 물질이며 그 입경이 10μm 이하인 것
＊2 광화학 옥시던트란 오존, 퍼옥시아세틸나이트레이트 그 외의 광화학 반응에 의해 생성되는 산화성 물질(중성 요오드화칼륨 용액으로부터 요오드를 유리하는 것에 한하며 이산화질소를 제외
＊3 미소 입자상 물질이란 대기 중에 부유하는 입자상 물질로 입경 2.5μm의 입자를 50%의 비율로 분리할 수 있는 분립 장치를 이용해 보다 입경이 큰 입자를 제거한 후에 채취하는 입자

표 1.38 특정 물질(대기오염물질)

암모니아	NH_3	아크롤레인	$CH_2=CHCHO$	이산화셀렌	SeO_2
불화수소	HF	이산화유황	SO_2	클로로술폰산	$SO_2 \cdot OH \cdot Cl$
시안화수소	HCN	염소	Cl_2	황린	P
일산화탄소	CO	2황화탄소	CS_2	3염화인	PCl_3
포름알데히드	HCHO	벤젠	C_6H_6	브롬	Br_2
메탄올	CH_3OH	피리딘	C_5H_5N	니켈카르보닐	$Ni(CO)_4$
황화수소	H_2S	페놀	C_6H_5OH	5염화인	PCl_5
인화수소	PH_3	황산(함SO_3)	H_2SO_4	메르캅탄	CH_3SH
염화수소	HCl	불화규소	SiF_4	이산화질소	NO_2
포스겐	$COCl_2$				

이들 이외에도 저농도라도 장기적인 섭취에 의해 건강 영향이 발생할 우려가 있는 물질을 유해 대기오염물질(248 물질)이라고 하고, 그중 건강 리스크가 어느 정도 높다고 생각되는 23물질을 '우선 대응 물질'로 지정하고 있다(표 1.39).

표 1.39 유해 대기오염물질(우선 대응 물질)

아크릴로니트릴	아세트알데히드	염화비닐모노머
염화메틸	크롬 및 3가 크롬화합물	6가 크롬화합물
클로로포름	산화에틸렌	1,2-디클로로에탄
디클로로메탄	수은 및 그 화합물	다이옥신류
테트라클로로에틸렌	트리클로로에틸렌	톨루엔
니켈 화합물	비소 및 그 화합물	1,3-부타디엔
베릴륨 및 그 화합물	벤젠	벤조[a]피렌
포름알데히드	망간 및 그 화합물	

C. 기타 오염물질

「악취방지법」에서는 표 1.40에 나타낸 22의 「특정 악취 물질」이 지정되어 사업장의 부지 경계선상, 기체 배출구 및 배출수의 농도를 하고 있다.

자치체에 의해 특정 악취 물질 또는 악취 지수의 몇 개 규제기준이 설정되어 있지만 최근에는 특정 악취 물질의 농도 대신 대기의 악취지수를 측정하는 예가 많아졌다. 악취지수란 「악취지수 및 악취 배출 강도의 산정 방법」(이하 「이하 취각 측정법」이라고 한다)에 의해 악취 판정사가 악취를 느끼지 않게 될 때까지 시료를 무취 공기로 희석했을 때의 희석 배율(악취 농도)을 구해 그 상용 로그값에 10을 곱한 수치이다.

$$악취지수 = 10 \times \log(악취\ 농도)$$

이 방법은 냄새를 사람의 후각으로 측정하기 때문에 악취 발생원 주변 주민의 피해 감각과 일치할 수 있다는 점에서 뛰어나다.

표 1.40 특정 악취 물질(악취방지법에 따른다)

암모니아	NH_3	황화수소	H_2S	노말바렐알데히드	$CH_3(CH_2)_2CHO$
황화메틸	$(CH_3)_2S$	트리메틸아민	$(CH_3)_3N$	이소부탄올	$i-C_4H_9OH$
아세트알데히드	CH_3CHO	프로피온산	C_2H_5COOH	초산에틸	$CH_3COOC_2H_5$
노말낙산	$n-C_3H_7COOH$	ISO길초산	$i-C_4H_9COOH$	메틸ISO부틸케톤	$CH_3COi-C_4H_9$
메틸 메르캅탄	CH_3SH	프로피온알데히드	CH_3CH_2CHO	톨루엔	C_7H_8
2황화메틸	CH_3SSCH_3	노말부틸알데히드	$n-C_2H_7CHO$	크실렌	C_8H_{10}
스틸렌	$C_6H_5CH=CH_2$	이소부틸알데히드	$i-C_3H_7CHO$		
노말길초산	$n-C_4H_9COOH$	이소바렐알데히드	$(CH_3)_2CHCH_2CHO$		

1.6.3 토양의 환경오염물질

토양의 환경기준은 일반적으로 토양으로부터 일정 조건에서 용출하는 물질을 측정한다. 수질의 기준과 매우 비슷하지만 유기인(파라티온, 메틸 파라티온, 메틸디메톤 및 EPN), 구리(농용지로 밭에 한정한다) 클로로에틸렌(별명 : 염화비닐 또는 염화비닐 모노머)이 추가되고 질산성 질소 및 아질산성 질소가 제외된다는 점이 다르다. 토양의 환경기준은 폐수기준(표 1.35)의 10분의 1 정도의 값으로 기준값이 설정되어 있다.

「토양오염대책법」에서는 토양 용출량 기준, 토양 함유량 기준, 지하수의 기준 등이 정해져 있다. 항목에 다소 차이는 있지만 토양 용출량 기준은 환경기준과 같은 값이다. 또 중금속 등에 대해 토양 함유량 기준이 설정되어 있다.

1.6.4 PRTR법(특정 화학물질의 환경 배출량 파악 등 관리 개선의 촉진에 관한 법률)

사람의 건강이나 생태계에 유해한 우려가 있는 화학물질을 사업소에서 환경 중(대기, 수역, 토양)에 배출하는 양 및 사업소 외로 이동하는 폐기물 양을 사업자가 신고하도록 한 제도이다. 이 법률의 목적은 사업자에게 화학물질의 자주적인 관리의 개선을 촉진하고, 환경보전상의 영향을 미연에 방지하는 것이다. PRTR 제도의 대상이 되는 사업자는 업종이나 규모 등에 따라 정해져 있다.

462물질이 제1종 지정 화학물질이고, 그 가운데 발암성이 높은 15물질이 특정 제1종 화학물질로 지정되어 있다. 전자는 연간 1t, 후자는 500kg의 양을 취급할 때 신고 의무가 생긴다

대학 등의 기관에서 신고가 필요한 물질은 아세토니트릴, 에틸렌옥사이드, 크실렌, 클로로포름, 디클로로메탄, 톨루엔, n-헥산, 벤젠, 포름알데히드 등이다. 각 기관의 규칙에 따라 집계해 신고할 필요가 있다. 또 환경으로 배출하는 양을 저감하도록 노력할 필요가 있다.

PRTR법은 국가의 법률이지만 조례에 따라 대상 물질을 확대하거나 신고 의무 취급량을 100kg으로 하는 등 조건을 보다 엄격하게 설정하고 있는 자치단체도 있다. 덧붙여 신고 의무가 없는 배출량은 나라에서 추계해서 대상 화학물질 배출량 전량을 공표한다.

1.6.5 수은

「수은에 의한 환경오염 방지에 관한 법률」이 「수은에 관한 미나마타 조약」을 담보하는 조치를 강구하기 위해 공포되었다. 이 법률은 수은이 환경을 순환하면서 잔류해 생물의 체내에 축적하는 특성을 가지며, 사람의 건강 및 생활환경과 관련된 피해를 일으킬 우려가 있는 물질인 것을 근거로 해 수은 등의 환경 배출을 억제함으로써 사람의 건강 보호 및 생활환경의 보전에 이바지하는 것을 목적으로 한다.

수은 등(수은, 염화 제1수은, 산화 제2수은, 황산 제2수은, 질산 제2수은, 황화수은, 진사)을 각 30kg 이상 보유하고 있으면 보고할 의무가 있다.

1.6.6 다이옥신류(다이옥신류 대책 특별조치법)

다이옥신류는 폴리염화디벤조푸란, 폴리염화디벤조-p-다이옥신, 코프라나 폴리염화비페닐을 총칭한다.

A. 환경기준

다이옥신류가 사람의 활동에 수반해 발생하는 화학물질이며 본래 환경 중에는 존재하지 않는 것에 비춰 내용 1일 섭취량(다이옥신류를 사람이 생애에 걸쳐서 계속적으로 섭취한다고 해도 건강에 영향을 미칠 우려가 없는 섭취량)이 4pg-TEQ 이하/kg 체중/day로 결정되어 있다. 또 환경기준은 대상 매체마다 정해져 있다(표 1.41).

표 1.41 다이옥신류의 환경기준

대 상	환경기준값
대기	0.6pg-TEQ/m³ 이하(1년 평균값)[*1]
수질(물밑의 저질을 제외한다)	1pg-TEQ/L 이하(1년 평균값)
물밑의 저질	150pg-TEQ/g 이하
토양	1000pg-TEQ/g 이하

*1 TEQ : 독성을 2,3,7,8-4염화디벤조-p-다이옥신으로 환산한 양

B. 배출기준

다이옥신류의 배출기준은 특정 시설에서의 배출가스 또는 배출수에 포함되는 다이옥신류의 배출 삭감에 관한 기술 수준을 감안해 특정 시설의 종류 및 구조에 대응해 정해져 있다. 시설에 따라 다르지만 배기가스는 신설 시설이 0.1~5ng-TEQ/m³N, 기설 시설에서는 1~10ng-TEQ/m³N, 배출수는 수질 환경기준의 10배 값인 10pg-TEQ/L가 설정되어 있다. 덧붙여 조례로 추가 규제를 할 수 있다.

1.7 화학물질의 보관, 관리 및 리스크 관리

1.7.1 화학물질의 보관

독물, 극물은 열쇠가 있는 보관고에 넣어 보관한다. 약품 보관 시 특히 위험물은 혼촉 위험을 막기 위해 종류별로 보관하고 종류가 다른 위험물은 함께 두지 않아야 한다. 표 1.42는 위험물을 수송할 때 지켜야 할 규제 사항이며 저장 시에도 적용된다. 또 위험물은 고압가스와 혼재하는 것도 금지되고 있기 때문에 봄베 창고에 위험물을 두는 것은 금지되고 있다.

표 1.42 위험물의 혼촉 위험성

	제1류	제2류	제3류	제4류	제5류	제6류
제1류		×	×	×	×	○
제2류	×		×	○	○	×
제3류	×	×		○	×	×
제4류	×	○	○		○	×
제5류	×	○	×	○		×
제6류	○	×	×	×	×	

1.7.2 화학물질의 관리

화학물질에 따라서는 법령에 의해 사용 대장을 기록하는 것이 의무이거나 양적으로 규제되고 있다.

예를 들어 독물, 극물에 대해서는 누가, 언제, 얼마나 사용했는지를 기록하도록 의무화하고 있다. 또 특화칙의 특별 관리 물질은 누가, 언제, 무엇을 위해서 얼마나 사용했는지의 기록을 30년간 보관해야 한다.

한편, 저장량이나 취급량에 대해 규제한 법령에는 「소방법」(위험물의 규제에 관한 정령)이 있다.

A. 위험물의 지정 수량

위험물의 지정 수량이란 '위험물에 대해 그 위험성을 감안해 정령으로 정하는 수량'으로 위험성의 기준이 된다(표 1.43). 지정 수량이 적으면 위험한 물질이고, 지정 수량이 많으면 비교적 위험성이 작은 물질이다. 소방법에서는 지정 수량 이상의 위험물의 저장이나 취급은 금지되고 있다.

같은 장소에 복수의 위험물을 저장하거나 취급하는 경우에는 취급량이나 저장량을 지정 수량으로 나눈 값이 지정 수량의 배수(위험물의 양이 지정 수량의 몇 배인지를 나타내는 수)가 된다. 즉, 구한 배수가 1 이상일 때 지정 수량 이상의 위험물이 있게 된다.

$$\frac{A의\ 저장량}{A의\ 지정\ 수량} + \frac{B의\ 저장량}{B의\ 지정\ 수량} + \frac{C의\ 저장량}{C의\ 지정\ 수량} = 지정\ 수량의\ 배수$$

또한 각 지방자치단체의 조례에 따라 1개의 방화 구획당 지정 수량의 0.2배 이상의 위험물 저장이나 취급이 규제되고 있다. 따라서 실험실에서는 방화 구획마다 위험물이 지정 수량의 0.2배 미만인 경우에는 규제를 받지 않지만 대용량 용제 등의 반입은 자제하고 사용할 때마다 위험물 창고로부터 소구분해 반입해야 한다.

B. 위험물 이외의 양적 규제

위험물 이외에도 지정 가연물이나 소방 활동 저해 물질(일정 수량 이상은 신고) 등은 양적 규제 대상이다. 소방 활동 저해 물질은 위험물에는 해당하지 않지만 주로 독물 및 극물에 해당하고 또한 화재로 위험한 가스가 발생할 수 있는 물질이 해당한다.

C. 약품 관리 시스템

이와 같이 법률은 매우 복잡하기 때문에 법을 준수해 관리하기 위해서는 약품 관리 시스템을 이용하는 것이 바람직하다. 약품 관리 시스템이란 컴퓨터를 사용해 약품의 구입, 사용, 폐기 내용을 등록해 약품을 관리하는 시스템이다. 적절히 사용하면 독극물 사용 대장 역할도 하며 특화칙의 특별 관리 물질의 작업 기록, PRTR법의 집계, 위험물의 지정 수량 집계, SDS의 열람 등 법률 준수 측면에서 실험자·연구자를 지원해 준다. 또 재고 검색 등이 용이하고 시스템의 정보가 웹에서 공통되는 경우는 다른 연구실과 약품의 공유 사용도 가능하다. 운용 규칙은 기관에 따라 다르므로 소속 기관에서 정한 규칙에 따라 사용하는 것이 바람직하다.

표 1.43 위험물의 지정 수량

종류별(성질)		품명	성상	지정 수량
제1류 (산화성 고체)	1	염소산염류		
	2	과염소산염류		
	3	무기과산화물		
	4	아염소산염류		
	5	브롬산염류		
	6	질산염류		
	7	요오드산염류		
	8	과망간산염류	제1종 산화성 고체	50kg
	9	중크롬산염류		
	10	기타 정령으로 정하는 것 ① 과요오드산염류 ② 과요오드산	제2종 산화성 고체	300kg
			제3종 산화성 고체	1000kg

제1류 (산화성 고체)		③ 크롬, 납 또는 요오드의 산화물 ④ 아질산염류 ⑤ 차아염소산염류 ⑥ 염소화이소시아눌산 ⑦ 퍼옥소이황산염류 ⑧ 퍼옥소붕산염류 ⑨ 탄산나트륨 과산화수소 부가물		
	11	앞 각 호에 게시한 것의 어느 쪽이든 함유하는 것		
제2류 (가연성 고체)	1	황린		100kg
	2	적린		100kg
	3	유황		100kg
	4	철분		500kg
	5	금속분	제1종 가연성 고체	100kg
	6	마그네슘		
	7	기타 정령으로 정하는 것	제2종 가연성 고체	500kg
	8	앞 각 호에 게시한 것의 어느 쪽이든 함유하는 것		
	9	인화성 고체		1000kg
제3류 (자연발화성 물질 및 금수성 물질)	1	칼륨		10kg
	2	나트륨		10kg
	3	알킬알루미늄		10kg
	4	알킬리튬		l0kg
	5	황린		20kg
	6	알칼리 금속(칼륨 및 나트륨을 제외) 및 알칼리토류 금속	제1종 자연발화성 물질 및 금수성 물질	10kg
	7	유기 금속 화합물(알킬 알루미늄 및 알킬리튬 제외)		
	8	금속의 수소화물	제2종 자연발화성 물질 및 금수성 물질	50kg
	9	금속의 인화물		
	10	칼슘 또는 알루미늄의 탄화물		
	11	기타 정령으로 정하는 것 염소화 규소 화합물	제3종 자연발화성 물질 및 금수성 물질	300kg
	12	앞 각 호에 게시한 것의 어느 쪽이든 함유하는 것		
제4류 (인화성 액체)	1	특수 인화물		50L
	2	제1석유류	비수용성 액체	200L
			수용성 액체	400L
	3	알코올류		400L

제4류 (인화성 액체)	4	제2석유류	비수용성 액체 수용성 액체	1000L 2000L	
	5	제3석유류	비수용성 액체 수용성 액체	2000L 4000L	
	6	제4석유류		6000L	
	7	동식물유류		10000L	
제5류 (자기반응성 물질)	1	유기 과산화물	제1종 자기반응성 물질	10kg	
	2	질산 에스테르류			
	3	니트로 화합물			
	4	니트로소 화합물			
	5	아조 화합물			
	6	디아조 화합물			
	7	히드라진의 유도체			
	8	히드록실아민	제2종 자기 반응성 물질	100kg	
	9	히드록실아민염류			
	10	기타의 것으로 정령으로 정하는 것 ① 금속의 아지드화물 ② 질산 구아니딘 ③ 1-아릴옥시-2, 3-에폭시 프로판 ④ 4-메틸렌옥세탄-2-온			
	11	앞 각 호에 게시한 것의 어느 쪽이든 함유하는 것			
제6류 (산화성 액체)	1	과염소산		300kg	
	2	과산화수소			
	3	질산			
	4	기타 정령으로 정하는 것 할로겐간 화합물			
	5	앞 각 호에 게시한 것의 어느 쪽이든 함유하는 것			

1.7.3 SDS와 GHS

A. SDS

SDS(Safety Data Sheet)란 안전 데이터 시트이다. SDS 제도란 유해성 우려가 있는 화학물질을 함유한 제품을 다른 사업자에게 양도 또는 제공할 때에 대상 화학물질의 성질과 상태, 취급에 관한 정보를 사전에 제공하는 것을 의무화하고 라벨에 의한 표시를 유도하는 제도이다. 이전에는 MSDS라고 불렸다. 현재 SDS의 교부가 의무인 물질에는 노동안전위생법에 의거하여 문서 등을 교부할 의무가 있는 물질, PRTR법의 제

1종 지정 화학물질 및 제2종 지정 화학물질, 독물 및 극물 단속법의 독물 및 극물이다. 이외에도 SDS가 공급되고 있는 물질도 있지만 제조사의 판단에 따른다. JIS Z7253에 정해져 있는 SDS 기재 사항을 표 1.44에 나타냈다

위험 유해성, 응급조치, 누출 시의 조치, 피폭량 방지, 물성, 유해성 정보, 폐기상의 주의, 적용 법령 등은 취급하기 전에 반드시 숙독해야 할 항목이다.

B. GHS

GHS(Globally Harmonized System of Classification and Labelling of Chemicals)란 화학품의 위험 유해성(해저드)마다 분류기준 및 라벨이나 안전 데이터 시트(SDS)의 내용을 합치시켜 세계적으로 통일된 규칙으로 제공하는 것이다(그림 1.3, 1.4, 1.5).

GHS로 분류·표시되는 위험 유해성에는 폭발성, 인화성, 급성 독성, 발암성, 수생 환경 유해성 등이 있으며 각각 5단계로 분류·표시된다.

표 1.44 SDS 기재 사항

번호	항목명	번호	항목명	번호	항목명
1	화학품 및 회사 정보	7	취급 및 보관상의 주의	13	폐기상의 주의
2	위험 유해성의 요약	8	폭로 방지 및 보호 조치	14	수송상의 주의
3	조성 및 성분 정보	9	물리적 및 화학적 성질	15	적용 법령
4	응급 조치	10	안정성 및 반응성	16	기타 정보
5	화재 시의 조치	11	유해성 정보		
6	누출 시의 조치	12	환경 영향 정보		

가연성 또는 인화성 가스(화학적으로 불안정한 가스를 포함)
에어로졸, 인화성 액체, 가연성 고체
자기 반응성 화학품, 자연발화성 액체·고체
자기 발열성 화학품, 물반응 가연성 화학품, 유기과산화물

폭발물, 자기 반응성
화학품, 유기과산화물

고압가스

급성 독성(구분1~구분3)

호흡기 감작성, 생식세포 변이원성
발암성, 생식 독성
특정 표적 장기 독성(단회 노출)
특정 표적 장기 독성(반복 노출)
흡인성 호흡기 유해성

급성 독성(구분 4), 피부 자극성
눈 자극성, 피부 감작성
특정 표적 장기(구분 3)
오존층에 미치는 유해성

수생환경 유해성

금속 부식성 물질, 피부 부식성
눈에 대한 심각한 손상성

지연성 또는 산화성 가스
산화성 액체·고체

그림 1.3 GHS에 따른 표시

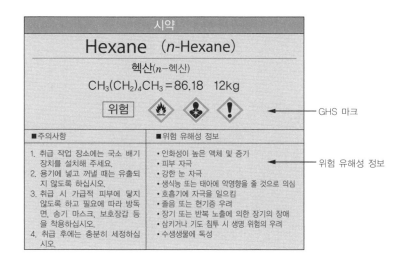

그림 1.4 GHS 표시의 예

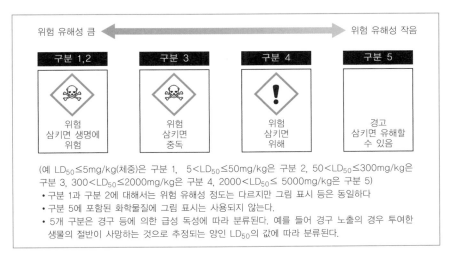

위험 유해성 큼 ⟷ 위험 유해성 작음

구분 1,2	구분 3	구분 4	구분 5
위험 삼키면 생명에 위험	위험 삼키면 중독	위험 삼키면 위해	경고 삼키면 유해할 수 있음

(예 $LD_{50} \leq 5mg/kg$(체중)은 구분 1, $5 < LD_{50} \leq 50mg/kg$은 구분 2, $50 < LD_{50} \leq 300mg/kg$은 구분 3, $300 < LD_{50} \leq 2000mg/kg$은 구분 4, $2000 < LD_{50} \leq 5000mg/kg$은 구분 5)
• 구분 1과 구분 2에 대해서는 위험 유해성 정도는 다르지만 그림 표시 등은 동일하다
• 구분 5에 포함된 화학물질에 그림 표시는 사용되지 않는다.
• 5개 구분은 경구 등에 의한 급성 독성에 따라 분류된다. 예를 들어 경구 노출의 경우 투여한 생물의 절반이 사망하는 것으로 추정되는 양인 LD_{50}의 값에 따라 분류된다.

그림 1.5 GHS에 의한 분류·표시(급성 독성의 경우)
환경성 「GHS, 화학품의 분류 및 표시에 관한 세계 조화 시스템에 대하여」에서

1.7.4 리스크 평가

리스크 평가란 사업장에 있는 위험성이나 유해성의 특정, 리스크 산출, 우선도 설정, 리스크 저감 조치를 결정하는 일련의 순서이다. 2016년 6월부터 개정된 노동안전위생법이 시행됨에 따라 SDS 교부 의무가 있는 640물질(제57조의 2, 제조 허가 대상 물질 7물질+문서 교부 의무 물질 633물질)에 대해 화학물질의 리스크 평가가 의무화됐다. 특히 2010년 이후 1,2-디클로로프로판에 의한 담관암의 발생, o-톨루이딘에 의한 방광암 발생 등이 문제가 되었다.

리스크 평가를 실시해 리스크를 줄일 수 있는 방법으로 변경하거나 리스크가 적은 물질로 대체하는 등의 조치를 실시할 필요가 있다.

1.7.5 표시와 표식

A. 유기용제의 게시

사업자는 옥내 작업장 등에서 유기용제 업무에 노동자를 유입할 때는 아래의 3항목을 작업 중인 노동자가 쉽게 알 수 있도록 눈에 띄는 장소에 게시해야 한다(그림 1.6).
① 유기용제가 인체에 미치는 작용
② 유기용제 등 취급상의 주의 사항
③ 유기용제에 의한 중독이 발생했을 때의 응급 처치

유기용제 등 사용 시의 주의 사항(유기용제 중독 예방 규칙의 규정에 의해 게재해야 할 내용)

1. 유기용제가 인체에 미치는 작용

[주요 증상]

(1) 두통

(2) 권태감

(3) 현기증

(4) 빈혈

(5) 간장 장해

2. 유기용제 등의 취급상 주의 사항

(1) 유기용제를 넣은 용기는 사용 중이 아닐 때는 반드시 뚜껑을 닫을 것

(2) 당일 작업에 직접 필요한 양 이외의 유기용제 등을 작업장 내에 반입하지 말 것

(3) 가능한 한 바람이 불어오는 쪽으로 작업을 하여 유기용제의 증기 흡입을 피할 것

(4) 가능한 한 유기용제 등이 피부에 닿지 않게 할 것

3. 유기용제에 의해 중독자가 발생했을 때의 응급 처치

(1) 중독에 걸린 사람을 즉시 통풍이 잘 되는 장소로 옮기고 신속하게 위생 관리자나 그 외의 위생 관리를 담당하는 사람에게 연락할 것

(2) 중독에 걸린 사람을 옆으로 눕혀 기도를 확보한 상태에서 신체의 보온에 노력할 것

(3) 중독에 걸린 사람이 의식을 잃은 경우는 소방기관에 통보할 것

(4) 중독에 걸린 사람의 호흡이 멈추었을 경우나 정상적이지 않은 경우는 신속하게 고개를 젖히고 심폐 소생을 실시할 것

그림 1.6 유기용제의 게시 예

B. 특화칙의 특별 관리 물질의 게시

사업자는 특별 관리 물질을 취급하는 경우 다음 사항을 게시해야 한다.

① 특별 관리 물질의 명칭

② 인체에 미치는 작용

③ 취급상의 주의 사항

④ 보호 도구

⑤ 응급 조치

그림 1.7에 디클로로메탄의 예를 나타냈다.

명칭	디클로로메탄(CH₂Cl₂)
인체에 미치는 작용	• 삼키면 유해(경구) • 피부 자극, 강한 눈 자극 • 발암 우려 의심 • 중추 신경계, 호흡기의 장애 • 장기 또는 반복 폭로에 의한 중추 신경계, 간장의 장애
취급상의 주의	• 사용 전에 취급 설명서를 입수해 모든 안전 주의를 읽고 충분히 숙지한 후에 취급할 것 • 제품을 사용할 때에 음식 또는 흡연을 하지 않을 것 • 방폭형 전기기기, 환기장치, 조명기기를 사용할 것. 정전기 방전이나 불꽃에 의한 인화를 방지할 것 • 옥외 또는 환기가 잘 되는 구역에서만 사용할 것 • 미스트, 증기, 스프레이를 흡입하지 않을 것 • 취급한 후에는 손을 깨끗이 씻을 것
보호구	• 호흡용 보호 도구(유해가스용 방독 마스크)를 사용할 것 • 보호 장갑(테플론제, 불소 고무제)을 사용할 것 • 보호 안경(보통 안경형, 측판 부착 보통 안경형, 고글형)을 사용할 것
응급 조치	• 소화 방법 : 난연성이며 인화성, 연소성은 거의 없다. 고열하에서는 분해해 가연성이 된다. 분말, 거품 소화제, 이산화탄소, 소화모래, 물 분무 • 흡입했을 경우 : 이재민을 공기가 신선한 장소로 옮기고 모포 등으로 신체를 보온하고 호흡하기 쉬운 자세로 휴식을 취하게 할 것 • 피부에 묻었을 경우 : 즉시 오염된 의복, 구두 등을 벗어 다량의 물과 비누로 씻어낼 것 • 눈에 들어갔을 경우 : 즉시 흐르는 물에 최저 15분 이상 주의 깊게 씻을 것. 눈꺼풀을 손가락으로 벌려 안구, 눈꺼풀 구석구석까지 세정할 것. 시간이 지나고 나서 장해가 나오는 일이 있으므로 반드시 의사의 진단, 치료를 받을 것 • 삼켰을 경우 : 아무것도 먹이지 않는다. 무리하게 토하게 하지 않는다. 무리하게 토하게 하면 휘발성이기 때문에 토한 것의 일부가 폐에 들어가 출혈성 폐렴을 일으킬 위험이 있다. 보온에 신경 쓰고 즉시 의사의 처치를 받을 것. 의식이 없는 경우는 아무것도 주어서는 안 된다.

그림 1.7 특화칙의 특별 관리 물질의 게시 예

• 화학물질의 유해성 •

화학물질의 리스크는 화학물질 그 자체가 가지는 고유의 유해성뿐만 아니라 노출의 정도도 영향을 주므로 다음과 같이 나타낼 수 있다.

리스크＝(유해성의 정도)×(노출량)

유해성 평가는 예를 들어 급성 독성의 경우 동물 실험에 의한 사망률 50% 폭로량(mg/kg 체중)인 LD_{50}으로 나타낸다. 또 그 이하에서는 유해 영향을 일으키지 않는다고 여겨지고 있는 노출량을 무독성량(≒ 임계값)이라고 한다.

발암성의 경우 다른 증상(엔드 포인트)과는 달리 발암물질에 따라서는 유전자를 공격해 암세포를 만드는 것이 있다. 이 경우에는 "물질의 양이 이것보다 적으면 발암의 가능성이 없다"고 할 수 없으며 아무리 소량이라도 발암 가능성은 있다. 생애에 걸쳐 화학물질을 계속 섭취해 암이 될 확률이 10^{-5}인 노출량 혹은 섭취량을 실질안전량(VSD)이라고 하여 실질적으로 문제가 없는 양으로 간주하고 있다.

통상 래트나 마우스 등의 실험 동물에 영향이 있는 노출량을 사람에 적용하는 경우는 안전을 생각해 사람과의 종차 및 사람의 체질 차이 등을 고려해 전문가가 결정한다. 통상 안전계수 100으로 하는 것이 많다.

〔예〕실험 동물의 임계값이 100mg/kg 체중일 때, 사람의 임계값은 1mg/kg 체중으로 간주한다.

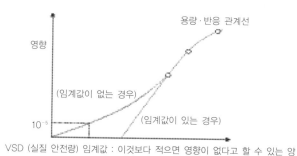

화학물질의 노출량·섭취량

그림 1.8 화학물질의 노출량·섭취량과 영향

부표 1.1 연구실에서 자주 사용하는 화학물질과 그에 대한 주요 법규제

화학물질명 명기	독물/극물 구분	사용 보관 사용·정부 분실 도난 신고	특별관리물질 (드래프트·보호구 사용: 특수건강진단, 사용 정부 작업 기록 30년 보관)	유기칙 1~3류	특수건강진단	57조의 2 문서의 교부	리스크 어세스먼트 실시→리스크 저감	작업환경 측정 (제3관리 구분→개선 조치, 건강 진단)	직업병화 물질	여성노동 기준보다 높은 취급 금지	특정악취물질	부지 경계선·개체 배출구·배출수에서의 농도 규제	위험물	대량 보관 신고	소방활동저해물질 대량 보관 신고	유해물질	지정물질	누설사고보고 폐액 회수	제1종 지정물질 정령 번호	대량취급 신고
아세톤				2종		○	○	○	○				4-수							
에탄올							○						4-아							
메탄올	극물					○	○	○	○				4-아						1-392	
헥산	극물		2류	2종		○	○	○		○			4-1						1-127	
클로로포름	극물		○			○	○	○	○											
이소프로판올	극물			2종		○	○	○	○	○			4-아							
아세토니트릴	극물		3류			○	○	○					4-1-수						1-13	
염산 36%	극물(>10%)					○	○	○							○		○			
디클로로메탄	극물(>10%)		○ 2류	2종		○	○	○	○						○		○	○	1-186	
초산에틸	극물			2종		○	○	○					4-1							
디메틸포름아미드	극물			2종		○	○	○	○	○			4-2-수						1-232	
불화수에	극물					○	○	○	○	○	○		4-1					○	1-300	
황산	극물(>10%)		3류			○	○	○	○	○	○				○(>60%)					
수산화나트륨	극물(>5%)					○	○	○	○											
디에틸에테르	극물			2종		○	○	○		○			4-특		○				1-80	
크실렌	극물			2종		○	○	○					4-2							
과산화수소	극물					○	○	○					6							
초산	극물					○	○	○					4-2							
테트라히드로푸란	극물			2종		○	○	○					4-1-수							
디메틸술폭시드	극물					○	○	○					4-3-수							
수산화칼륨	극물(>5%)		3류			○	○	○				○								
암모니아수	극물(>10%)		3류			○	○	○							○		○		1-56 특	
에틸렌옥시드	극물		2류			○	○	○	○											
글리세린	극물(>10%)		3류			○	○	○												
포름알데히드	극물		2류			○	○	○	○	○			4-1-수		○(>1%)	○		○	1-411 특	
1,4-디옥산	극물		○	2종		○	○	○	○				4-2-수			○		○	1-150	
2-메르캅토에탄올	독물					○	○	○					5							
아지화나트륨	독물					○	○	○										○	1-11	
불화수소산	독물		2류			○	○	○	○						○			○	1-374	

*1 취급계수로 규제되어 있는 경우도 있다.
*2 특 : 특정 제2종 자정 화학물질
*3 4-1-수 : 위험물 제4류 제1석유류 수용성 아 : 알칼음류 특 : 특수 인화물
*4 기본적으로 화학물질은 보호장구를 착용하고 취급하되 실험 후 모두 회수하여 하수 등에 흘리지 않는다.

2장 실험실에서 발생하는 폐기물

2.1 처음에

실험실 폐기물을 적절히 처리하는 것은 환경을 유지하고 지속 발전이 가능한 사회를 구축하기 위한 중요한 작업이다. 「환경기본법」은 '현재 및 장래에 국민의 건강하고 문화적인 생활 확보에 기여함과 동시에 인류의 복지에 공헌하는' 것을 목적으로 제정되어 있다.

이 법령을 토대로 실험실에서 발생하는 배수에 대해서는 「수질오탁방지법」이나 「하수도법」, 배기가스에 대해서는 「대기오염방지법」, 토양의 오염에 대해서는 「토양오염대책법」, 폐기물에 대해서는 「폐기물의 처리 및 청소에 관한 법률」 등에 의거하여 규제되고 있다(1.6절 참조).

2014년에는 「물순환기본법」이 제출되고 2015년에 「물순환기본계획」이 정해졌다. 도심의 인구 집중, 산업구조의 변화, 지구온난화에 수반하는 기상 이변 등 다양한 요인이 물순환에 변화를 일으킴에 따라 갈수, 홍수, 수질 오탁, 생태계에 미치는 영향 등의 문제가 현저하게 부각되고 있다.

실험실에서 취급하는 물질은 비록 미량이어도 자연 수역, 토양, 대기 등의 환경에 방출되지 않도록 적절하게 처리, 회수하지 않으면 안 된다.

2.2 산업 폐기물의 종류와 위탁 처리

폐기물이란 점유자가 이용 또는 타인에게 양도할 수가 없기 때문에 불필요하게 된 것을 가리킨다. 대부분의 경우 비용을 지불하고 처리를 위탁하지만 「폐기물의 처리 및 청소에 관한 법률」에 따라 사업자는 아래와 같은 책무가 있다.

① 사업자는 폐기물을 스스로의 책임하에 적정하게 처리해야 한다.
② 사업자는 폐기물의 재생 이용을 통해 감량하도록 노력해야 한다.

2.2.1 산업 폐기물의 종류

폐기물은 법률에 의해 「산업 폐기물」(사업 활동에 수반해 생긴 것, 표 2.1)과 「일반 폐기물」로 나눌 수 있다. 실험계의 폐기물은 기본적으로 산업 폐기물로 분류된다. 산업 폐기물 가운데 폭발성, 독성, 감염성, 기타 사람의 건강 또는 생활 환경과 관련된 피해를 일으킬 우려가 있는 성질과 상태를 가지는 것은 「특별 관리 산업 폐기물」로 분류된다(표 2.2).

실험계 폐기물은 표 2.1의 산업 폐기물 가운데 주로 (3) 폐유 (4) 폐산 (5) 폐알칼리 등에 해당하고, 표 2.2의 특별 관리 산업 폐기물 중 인화성 폐유, 부식성 폐산·폐알칼리, 특정 유해 산업 폐기물(폐산, 폐알칼리, 폐유) 등에도 해당한다.

표 2.1 산업 폐기물의 종류

(1) 재	(6) 폐플라스틱	(11) 기와조각과 돌류	(16) 동식물성 잔사
(2) 진흙	(7) 고무 쓰레기	(12) 매진	(17) 동물계 고형 불요물
(3) 폐유	(8) 금속 쓰레기	(13) 휴지	(18) 동물의 분뇨(가축 분뇨)
(4) 폐산	(9) 유리 쓰레기, 콘크리트 쓰레기, 도자기 쓰레기	(14) 나무 쓰레기	(19) 동물의 사체
(5) 폐알칼리	(10) 슬래그	(15) 섬유 쓰레기	(20) (1)~(19)를 처분하기 위해 처리한 것

표 2.2 특별 관리 산업 폐기물의 종류(관계가 있는 것을 발췌)

인화성 폐유	인화점 70℃ 미만의 폐유(휘발유류, 등유류, 경유류)	
부식성 폐산	pH2.0 이하의 것(현저한 부식성을 가지는 것)	
부식성 폐알칼리	pH12.5 이상의 것(현저한 부식성을 가지는 것)	
감염성 산업 폐기물	의료기관으로부터 생기는 감염성 폐기물	
특정 유해 산업 폐기물	PCB 폐기물(폐PCB, PCB 오염물, PCB 처리물)	
	지정 하수 진흙 등	
	폐석면 등	
	진흙	유해물질의 판정기준(표 2.3)에 적합하지 않은 것*
	폐산	
	폐알칼리	
	폐유(폐용제에 한정한다)*	트리클로로에틸렌, 테트라클로로에틸렌, 디클로로메탄, 4염화탄소, 1,2-디클로로에탄, 1,1-디클로로에틸렌, *cis*-1,2-디클로로에틸렌, 1,1,1-트리클로로에탄, 1,1,2-트리클로로에탄, 1,3-디클로로프로판, 벤젠, 1,4-디옥산

＊ 폐기물의 처리 및 청소에 관한 법률 시행령에서 정하는 시설에서 발생한 것에 한정한다.

2.2.2 폐기물에 대한 기본적 생각

① 유해물질 및 오염물질은 법률로 정해진 배출 기준값 이하로 낮춘 후 배출하여야 한다(표 2.3). 또 수질오탁방지법의 개정으로 각각의 기관에 따라 엄격한 내규가 정해진 경우가 있으므로 알아 두는 것이 중요하다.

> ! 수질오탁방지법에 따라 배출 기준이 정해져 있어 표 2.7에 나타낸 물질을 포함한 폐액은 반드시 배출 기준값 이하로 처리해야 한다. 다량의 물로 희석해 규제값 이하의 농도로 하여 배출하는 방법은 법적으로는 허용된다고 해도 환경 용량을 고려하면 만족스런 처리법은 아니다.

② 배출 기준값 이하로 실험실 폐액 등을 처리할 때는 안전한 수단을 이용해야 한다.

> ! 처리 작업은 필요에 따라 보호 도구를 착용하고 이상 반응의 억제, 누설 방지 등에 유의해 실시해야 한다.

표 2.3 유해물질의 판정 기준

유해물질	진흙(용출 시험) mg/L 이하	폐산·폐알칼리(함유 시험) mg/L 이하
알킬수은화합물	검출되지 않을 것	검출되지 않을 것
수은 또는 그 화합물	0.005	0.05
카드뮴 또는 그 화합물	0.09	0.3
납 또는 그 화합물	0.3	1
유기인화합물	1	1
6가크롬화합물	1.5	5
비소 또는 그 화합물	0.3	1
시안화합물	1	1
폴리염화비페닐(PCB)	0.003	0.03
트리클로로에틸렌	0.3	3
테트라클로로에틸렌	0.1	1
디클로로메탄	0.2	2
4염화탄소	0.02	0.2
1,2-디클로로에탄	0.04	0.4
1,1-디클로로에틸렌	1	10
cis-1,2디클로로에틸렌	0.4	4
1,1,1-트리클로로에탄	3	30
1,1,2-트리클로로에탄	0.06	0.6
1,3-디클로로프로펜	0.02	0.2
튜람	0.06	0.6
시마진(CAT)	0.03	0.3
티오벤카브(벤티오카브)	0.2	2
벤젠	0.1	1
셀렌 또는 그 화합물	0.3	1
1,4-디옥산	0.5	5
다이옥신류	3ng-TEQ/g 이하	100pg-TEQ/L 이하

※환경성 자료로 부터

③ 실험실 폐액은 실험자가 그때 그때 개별적으로 처리하는 것이 바람직하다.

> 일반적으로 실험실에서 배출되는 폐액은 양적으로는 적지만 종류가 많고 경시적으로 변화하는 경우도 있다. 또 폐액은 혼합에 의해 예상 외의 반응을 일으키거나 처리가 곤란한 예가 많으므로 다른 폐액과 혼합하지 않은 상태에서 각 기관에서 정해진 규칙에 따라 처리하는 것이 바람직하다. 또 방치하면 내용물을 알 수 없기 때문에 신속하게 처리 또는 적절한 탱크로 옮길 필요가 있다.

④ 자원의 유효 이용을 위해 유해물질이나 오염물질의 배출을 적극적으로 규제해야 한다.

> 다량으로 사용하는 유기용매는 반복 재사용하고 폐산, 폐알칼리는 중화제로 이용하며 희소한 금속 등은 리사이클한다. 크롬산 혼액(이전에는 대량으로 사용되었지만 현재는 대체품 사용으로 개선), 벤젠, 석면 등의 유해물질은 무해한 대체품을 사용한다. 특히 약품은 필요 최소량만 구입하는 등 최대한 처리 부담을 경감하는 동시에 자원을 유효하게 사용하도록 유의해야 한다.

⑤ 엎지른 물질도 적절하게 처리하여야 한다.

> 실험 시 잘못해 액이나 분체를 흘리거나 용기가 망가져 누설하는 일이 있다. 흘린 물질을 처리하는 경우의 원칙은 가능한 한 회수해 각각의 물질에 적합하게 폐기 처리하는 것이다. 회수할 수 없는 경우는 안전성을 확인해 닦아내거나 세정한 뒤 적절한 방법으로 폐기한다. 처리에 즈음해서는 발생하는 가스나 연기에 의한 위험 방지, 유리 조각에 의한 부상 방지에 추가해 흘러 넘친 물질의 독성이나 기타 물질과의 혼합에 의한 위험(실험 책상에 떨어진 녹이 촉매로 작용해 반응을 일으키는 등)을 예상해 대응한다.

2.2.3 산업 폐기물의 위탁 처리 계약

폐기물의 처리를 위탁하는 경우에는 수집 운반업자와 처리업자 각각과 서면으로 위탁 계약을 맺는다. 산업 폐기물 위탁 처리의 경우 보통의 청부 계약과는 달라 업자의 하자에 의해 부적정한 처리가 발생했을 경우에도 배출자에게 원상회복 등의 책임이 따르는 경우가 있는 점에 유의해야 한다. 따라서 처리업자의 폐기물 처리 상황을 확인할 필요가 있다.

폐기물을 위탁 처리하면 매니페스토가 발행된다(그림 2.1). 매니페스토 제도란 산업 폐기물의 위탁 처리에서 배출 사업자의 책임 명시와 불법 투기의 사전 방지를 목적으로 실시되고 있다. 배출자가 산업 폐기물의 처리를 위탁할 때 매니페스토에 산업 폐기물의 종류, 수량, 운반 업자명, 처분 업자명 등을 기입해 업자로부터 업자에게 산업 폐기물과 함께 매니페스토를 건네서 처리의 흐름을 확인할 수 있도록 하는 것이다.

처리 후에 각 위탁 업자로부터 처리를 마쳤다는 내용을 기재한 매니페스토가 전달되므로 위탁 내용대로 폐기물이 처리됐는지 확인한다. 이로써 부적정인 처리에 의한 환경오염이나 사회 문제가 되고 있는 불법 투기를 미리 막는 것이 가능하다. 매니페스토는 5년간 보존해야 한다.

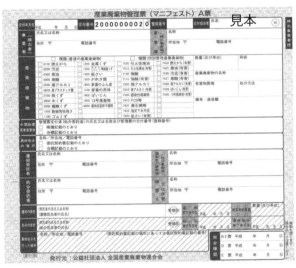

그림 2.1 매니페스토의 예
(공익사단법인 전국산업폐기물연합회 웹사이트에서)

2.3 외부 위탁을 위한 폐액 저장

대학 등에서는 유기 폐액·무기 폐액 모두 외부 위탁으로 처리되는 경우가 많다. 외부 위탁 처리에서 폐액은,

> 실험실에서 저장 → 업자 위탁 회수 → 처리 공정으로 이동 → 처리

와 같은 프로세스로 처리되기 때문에 분류를 준수하고 안전하게 회수하도록 노력하지

않으면 안 된다. 또 외부 위탁에서는 처리가 제3자에 의해 행해지기 때문에 폐기물의 내용을 개시해야 한다.

특히 특수한 물질(독성이 높은 것 등)은 단독으로 저장하고 반드시 내용물을 명시해 처리를 의뢰한다. 또 폐액도 저장량이 많은 위험물과 마찬가지로 혼합 위험 등에 주의가 필요하기 때문에 폐액 탱크마다 내용물을 기록해 둔다.

2.3.1 저장 구분

A. 액체 폐기물

일반적으로 유해물질이 포함된 폐액은 표 2.4의 구분에 따라 저장한다. 또 각 기관별로 내규가 정해져 있으므로 그에 따라 분류한다.

다만 아래에 적은 위험성이 높은 물질이나 독성이 강한 물질 등은 표 2.4의 분류에 적용시킬 것이 아니라 반드시 별도로 저장해 신속하게 처리하거나 전문업자에게 처리를 위탁한다.

① 악취가 나는 물질 : 저급 티올, 술피드, 낙산, 아민, 이소시아니드 등
② 유독 가스를 발생하는 물질 : 시안 화합물, 포스핀 등
③ 인화성이 강한 물질 : 이황화탄소, 에테르 등의 위험물 제4류 특수 인화물
④ 폭발성 물질 : 과산화물, 질산에스테르, 니트로글리세린, 디아조화합물 등
⑤ 발암물질 : 벤지딘, 벤조피렌 등

표 2.4 외부 위탁 처리를 위한 수집 처리 구분 예

【무기계 폐액】			처리 구분은 상위의 것을 우선한다
처리 구분	성분	저류상의 주의	처리법
수은계 폐액	1. 무기 수은 2. 유기 수은	a. 유기 수은계 폐액은 산화 분해해 무기 수은으로 바꾸어 둔다. b. 금속 수은, 아말감은 제외	일반 처리 시설에서는 완전 처리 곤란, 개별적으로 활성탄 흡착법이나 킬레이트제 등으로 처리하는 것이 바람직하다.
시안계 폐액	1. 유리 시안 2. 시안 화합물 3. 시안 착화합물	a. 산성 폐수는 pH12 이상으로 한다. b. 난분해 시안착체(황혈염, Fe, Co, Ni 등)는 분해 처리해 시안 화합물로 바꾸거나 난용성 침전으로서 제거해 둔다. c. 유기 시안 화합물은 제외	NaOCl 등으로 산화 분해한다. 중금속을 포함한 경우는 일반 중금속 폐액으로 처리하다.

육가크롬계 폐액	1. Cr(VI) 화합물 2. 중크롬산 혼액	a. H_2SO_4를 추가해 pH3 이하로 해 둔다. b. 중크롬산 혼액은 10배 이상으로 희석해 둔다.	$NaHSO_3$ 등으로 환원, Cr(III)로 한 후 일반 중금속 폐수로 처리한다.
일반 중금속계 폐액	1. 유해물질로 지정된 것 2. 기타 물질로 지정된 것 3. 지정되지 않은 중금속 화합물	a. Be 및 그 화합물은 제외 b. 방사성 원소는 제외 c. 불화붕소는 제외 d. 유기 금속 화합물은 무기화해 둔다. e. 저장 중 침전물이 생기지 않도록 한다.	i 알칼리로 수산화물로 해 응집 침전제로 공침시킨다. (수산화물 공침법). ii $FeSO_4$ 등을 추가해 페라이트화해 자기 분리한다.(페라이트법). 육가크롬계 폐액의 동시 처리도 가능
산류 폐액	광산 용액 (5% 이상)	5% 이하의 무기산은 개별로 중화 후 배출(HNO_3, HNO_2는 배수의 N 농도에 주의)	i 산액과 알칼리액을 혼합 중화한 후 희석하여 배출한다. ii 알칼리액은 처리 시설에서 사용하는 것도 있다.
알칼리류 폐액	알칼리 용액 (5% 이상)	5% 이하의 알칼리액은 개별적으로 중화 후 배출(암모니아는 배수의 N 농도에 주의)	

【유기계 폐액】			
처리 구분		성분	저류상의 주의	처리법

처리 구분			성분	저류상의 주의	처리법
가연성 폐액	유기 용매 폐액	탄화수소계 용매	헥산, 벤젠, 가솔린, 등유 등	a. 인화하지 않게 주의 b. 종류가 다른 폐액을 혼합하지 않을 것 c. 저비점물은 별도로 정리할 것	i 소각기준에 적합한 노를 보유한 업자에게 처리를 의뢰 ii 연구소 전용의 소각 시설이 설치된 경우는 다음에 주의한다. 1) 분무 연소해 폐가스를 알칼리 세정 2) 알칼리 금속을 포함하는 경우는 노의 손상에 주의 3) 할로겐계 용제는 다이옥신이 발생하지 않도록 처리
		함산소계 용매	알코올, 에테르, 케톤, 에스테르 등		
		함질소계 용매	피리딘, 아미드, 니트릴 등		
		함유황계 용매	술피드, 술폭시드 등		
	기계유류		경유, 윤활유, 공작유, 담금질유, 바셀린 등	그대로 연료로 재생가능하므로 분별해 저장	
	동식물유류		콩기름, 아마씨유, 어유 등		
난연성 폐액	함할로겐계 용매		사염화탄소, 클로로포름, 트리클로로에틸렌 등	함할로겐 화합물로서 5vol% 이하로 한다. 다만 PCB 등의 유해물질은 제외	
	함수폐용매		수용성 용매, 에멀전 등		

| 함금속계 폐액 | 유기 함금속 폐액 | 킬레이트제, 유기산의 염류 등 | a. 혼합으로 인해 다시 킬레이트화하지 않게 주의한다.
b. 소량일 때는 자연 건조해 고형 폐기물로 해도 괜찮다. | i 폐액은 중금속 폐액으로 해 처리한다.
ii 정착액은 귀금속(Ag) 회수를 위해 업자에게 위탁하는 편이 좋다. |
| | 사진 관련 폐액 | 현상액, 정착액 | | |

B. 기체의 폐기물

유해한 기체가 발생할 가능성이 있는 실험은 스크러버를 갖춘 드래프트에서 실시해 배기가스를 세정할 필요가 있다. 스크러버의 처리수도 배수로 흘러나가지 않게 실험계 폐기물로 적절하게 분류하여 폐액 폐기한다.

C. 고체의 폐기물

고형 폐기물도 내용물을 명확하게 게시해 적절한 처리가 가능한 업자에게 위탁하는 것이 중요하다. 특히 분리 정제를 위해 이용한 실리카겔은 안전을 위해 용제류를 유거(留去)한 후 처리를 위탁할 필요가 있다.

2.3.2 저장상의 주의 사항

① 용기에는 처리 구분명을 명시함과 더불어 일시, 투입자, 성분, 농도, 양 등을 기록하기 위한 투입 기록표(노트 등)를 가까이에 비치한다.

② 실험장치나 기구의 세정 폐액은 두 번째 세정액까지 회수하는 것을 원칙으로 한다. 물에 가용인 물질도 반드시 회수한다.

③ 실험실의 저장 용기는 누설 방지를 위해 낡은 것은 피하고 쉽게 파손, 부식되지 않는 것을 이용한다(뚜껑 달린 폴리 용기 10~20L를 주로 이용한다). 저장량은 용기의 3분의 2를 한도로 한다. 폴리 용기는 5년을 기준으로 바꾸는 것이 안전하다. 또 유기 폐액 중 비교적 인화점이 낮은 물질은 20L 폴리 용기의 사용은 금지되고 있기 때문에 1말 통(위험물 제4류 제1석유류) 혹은 선반 고정식 금속 드럼(위험물 제4류 특수 인화물)을 이용한다.

④ 폐액 투입 시에는 처리 구분이 어느 쪽에 해당하는지를 잘 생각해 결정하고 판단이 어려운 물질이 포함된 폐액은 관계자와 협의한다.

⑤ 폐액에 따라 다르지만 농도와 pH의 조정, 침전물 제거(침전물은 별도 처리) 후에 처리의 장해가 되는 물질(착이온, 킬레이트 화합물 등)을 분해 또는 제거한다.

⑥ 중금속 등을 포함한 폐액은 유기물질을 분해 혹은 제거한 후 무기계 폐액으로서

처리한다.

⑦ 폐액을 저장 용기에 추가하는 경우에는 발열, 발포, 변질 등이 없는지를 확인하면서 주의해서 소량씩 소정의 저장 용기에 투입한다. 또 폐액 회수 직전에 폐액을 혼합해서는 안 된다.

⑧ 필요없는 폐시약은 폐액에 혼합하지 말고 별도 위탁 처리한다.

⑨ 추출 시 발생하는 수층도 반드시 회수한다.

⑩ 암모니아, 질산 등은 비록 중화하더라도 개수대에 흘려 보내서는 안 된다.

⑪ 저장 용기는 전도하지 않게 조치해 마루 밑에 침투하지 않는 장소·방법으로 보관한다. 또 통로나 옥외에 보관하지 않는다.

⑫ 폐액 취급 시나 반출 시는 용기의 열화 등에 의한 누락이 없는지 확인한다.

⑭ 폐액 취급 시는 충분한 작업 공간을 확보하고 규정 용기 내에서 실시해 비산, 유출되지 않도록 주의하는 동시에 만일에 대비 흡착제 등을 준비해 둔다.

⑮ 방사성 물질을 포함한 폐기물은 별도 수집해 정해진 처리 규정에 따라 처리한다.

⑯ 병원성 세균이나 유전자 조작 등 생물학적 위험성이 있는 폐기물은 별도 수집해 정해진 처리 규정에 따라 처리한다.

2.3.3 혼합 위험

폐액이라고 해도 위험물에는 변함이 없고 저장량이 많아 위험성이 높기 때문에 신중하게 취급해야 한다. 다음의 폐액은 서로 혼합해서는 안 된다.

A. 산화제와 유기물

  산화제 : 과산화물, 염소산염, 과망간산칼륨, 크롬산, 과산화수소 등

B. 유해한 휘발성산 염과 산

  유해한 휘발성산 염 : 시안화칼륨, 황화나트륨, 차아염소산 나트륨 등

C. 휘발성산과 불휘발성산

  휘발성산 : 염산, 불화수소산 등

  불휘발성산 : 진한 황산 등

D. 반응성 산과 기타 산

  반응성 산 : 진한 황산, 술폰산, 옥시산, 폴리인산 등

E. 유해 휘발성 알칼리 염과 알칼리

  유해 휘발성 알칼리 염 : 염화암모늄, 휘발성 아민 염 등

혼합에 의해 발화나 폭발 등의 위험성이 있는 조합을 표 2.5에 나타냈다. 산화성 물

질과 환원성 물질, 산화성 염류와 강산, 물과 금속 가루, 물과 금수성 물질, 폭발성 물질이 생성되는 경우 등은 실험 시나 보관에도 주의가 필요하다.

혼합에 의해 유독 가스를 발생하는 위험한 조합이 많기 때문에 폐액 이외에도 실험 시나 보관 시에도 주의가 필요하다(표 2.6). 앞에서 말한 바와 같이 용기에는 처리 구분명을 명시함과 함께 일시, 투입자, 성분, 농도, 양 등을 기록하기 위한 투입 기록장(노트 등)을 곁에 둔다.

사고예	◆ 불화수소를 포함한 폐수를 장기간 보존 중 폴리 용기가 파손되어 폐수가 마루에서 아래 층으로 누설되었다. 다행히 아래 층에 사람은 없었지만, 하마터면 대참사로 이어질 뻔했다. ◆ 외부 위탁으로 유기 폐액을 회수 직전에 혼합했는데, 트럭에 적재 후 발열해 1말통이 빵빵하게 부풀어 올랐다. ◆ 1말통으로 유기 폐액을 장기 보관하던 중 내부에서 부식이 진행해서 폐액이 마루에 유출되었다. 글로브박스 내에서 황화수소 사용 후 질소로 희석해 옥외에 배출시켰지만 옥외에서 통행 중이던 사람이 이상한 냄새를 맡고 메스꺼움을 느꼈다. ◆ 대형 쓰레기 회수 후 회수 장소의 아스팔트면에 수은이 산재해 있었다. 굴착기로 아스팔트를 긁어내 수은 폐기물로 처리할 필요가 생겼다.

표 2.5 혼합 위험의 예

무기화합물		유기화합물	
주제	부제	주제	부제
산소	가연물(특히 H_2, 유류)	아세틸렌	C_{12}, Br_2, F_2, Ag, Cu, Hg
암모니아	Ag, 할로겐, $Ca(ClO)_2$	아세톤	혼산($HNO_3 + H_2SO_4$)
할로겐	NH_3, $CH{\equiv}CH$, 올레핀, 석유, 가스, 테레빈유, C_6H_6, 금속가루	아닐린	HNO_3, H_2O_2
		질산	HNO_3, 크롬산, 과망간산염, 과산화물
무기산화제 (표 1.3, 1.8 절 참조)	환원성 물질(암모늄염, 산, 금속 가루, 유기 가연물, S, Bi(합금도)	옥살산	Ag, Hg
		탄화수소	할로겐, 크롬산, 과산화물
		니트로파라핀	염소, 아민류
알칼리금속, 알칼리토류 금속	H_2O, CO, CO_2, CCl_4, 할로겐화 탄화수소, 중금속염	니트로벤젠	KOH
		히드라진	H_2O_2, HNO_3 산화제
		무수 초산	함OH 화합물(에틸렌글리콜), 과염소산, 브롬
금속(Cu, Ag, Hg) 질산	$CH{=}CH$, 옥살산, 주석산, 푸마르산, 암모늄화합물.H_2O_2, 뇌산 ROH, RCOR, HCN, CS_2, 가연물	유기 과산화물	유기산, 무기산, 아민류

표 2.6 유독 가스를 발생하는 혼합 위험

주제	부제	발생 가스	주제	부제	발생 가스
아질산염	산	아질산가스	셀렌화합물	환원제	셀렌화수소
아지드	산	아지화수소	텔루르화합물	환원제	텔루르화수소
시안 화합물	산	시안화수소	비소화합물	환원제	비화수소
차아염소산염	산	염소, 차아염소산	황화물	산	황화수소
질산	구리 등 금속	아질산가스	인	수산화칼륨, 환원제	인화수소
아황산염	황산	아황산가스			

2.4 실험실에서 나오는 배수

배수란 실험실의 개수대 등으로부터 배출되는 배수를 말한다. 실험실의 개수대는 기본적으로 수질오탁방지법의 특정 시설에 해당하기 때문에 법률에 따라 각종 규제를 받고 있다(표 2.7).

폐액은 지금까지 말한 것처럼 회수하되, 기구에 묻은 폐액도 두 번째 세정액까지 반드시 회수한다. 특히 수질오탁방지법에 규정된 유해물질은 주의를 기울여 회수할 필요가 있다. 또 각 기관마다 내규가 정해져 있으므로 준수해야 한다.

추출 시에 발생하는 수층에는 중금속류, 암모늄 이온, 수용성 유기물 등이 용해되어 있으므로 반드시 회수한다. 아스피레이터를 이용한 용매 농축에서는 비점이 낮고 수용성 용제(예 : 디클로로메탄)는 유해성이 높음에도 불구하고 배수로 유출하기 쉽다. 이 경우 트랩을 갖춘 다이어프램 펌프를 사용해야 한다.

표 2.7 처리해야 하는 폐액의 허용 농도

(무기계 폐액, 유기계 폐액의 구분은 편의적인 것이며 혼합되어 있는 경우는 양쪽의 규제를 받는다)

【무기계 폐액】		
구분	대상 물질	허용 농도(mg/L)
유해물질	수은 및 알킬수은 기타 수은화합물 알킬수은화합물 카드뮴 및 그 화합물 육가크롬 및 그 화합물 시안화합물 납 및 그 화합물 비소 및 그 화합물 셀렌 및 그 화합물 붕소 및 그 화합물 불소 및 그 화합물 암모니아, 암모늄 화합물, 아질산 화합물 및 질산화합물	0.005(수은) 검출되지 않을 것 0.03(카드뮴) 0.5(육가크롬) 1(시안) 0.1(납) 0.1(비소) 0.1(셀렌) 10(붕소 : 해역 이외) 8(불소 : 해역 이외) (암모니아성 N×0.4)+(아질산성 N) +(질산성 N)의 합계로 100
기타 물질	구리 함유량 아연 함유량 용해성 철 함유량 용해성 망간 함유량 크롬 함유량	3 2 10 10 2
【유기계 폐액】		
구분	대상 물질	허용 농도(mg/L)
유해물질	유기인화합물(파라티온 외 3종 지정) 폴리염화비페닐(PCB) 트리클로로에틸렌 테트라클로로에틸렌 디클로로메탄 사염화탄소 1,2-디클로로에탄 1,1-디클로로에틸렌 cis-1,2-디클로로에틸렌 1,1,1-트리클로로에탄 1,1,2-트리클로로에탄 1,3-디클로로프로펜 튜람 시마진 티오벤카브 벤젠 1,4-디옥산	1 0.003 0.1 0.1 0.2 0.02 0.04 1 0.4 3 0.06 0.02 0.06 0.03 0.2 0.1 0.5
기타 물질	광유 함유량 동식물유 함유량 페놀류 함유량 BOD, COD 질소 함유량(폐쇄성 호수와 늪, 해역 등 지정된 지역) 인 함유량(폐쇄성 호수와 늪, 해역 등 지정된 지역)	5 30 5 160(일간 평균 120) 120(일간 평균 60) 16(일간 평균 8)

2.5 일반 폐기물

실험실에서 나오는 폐기물은 화학약품뿐만 아니라 약품 용기, 유리 기구, 플라스틱, 금속 쓰레기, 여과지, 탈지면, 거즈, 전지 등 다양하다. 이것들은 통상 일반 폐기물로 처리되므로 유해물질이 포함되어 있으면 환경오염의 원인이 된다. 규정대로 처리해 안전한 상태로 폐기하지 않으면 안 된다.

A. 시약병 및 유리, 플라스틱 기구류

물, 유기용제 등으로 2회 이상 세정해 용기, 기구에 부착되어 있는 잔류물을 씻어내고 건조(내부에 액이 남아 있으면 그것이 물이어도 유해물로 오해받는다)한 후 유리와 플라스틱으로 분별 수집해 일반 폐기물로 처리한다. 세정액은 앞에서 언급한 처리 구분에 따라 처리한다.

또 유해한 균류의 배양 등에 사용한 샤레, 비커, 주사기(바늘은 제외) 등은 멸균 처리한 후 일반 폐기물로 처리한다. 주사 바늘은 감염성 폐기물로서 전용 용기에 보관해 업자에게 처리를 위탁한다.

B. 전지, 전기부품 및 유해 금속 쓰레기류

별도로 수집해 업자에게 위탁 처리한다.

C. 여과지, 화장지, 종이, 천류

유해물질이 부착된 여과지, 종이, 거즈, 옷감 등은 물이나 유기용매로 세정한 후 일반 폐기물로 처리하고 세정액은 앞에서 언급한 처리 구분에 따라 처리한다.

! 사고예 ◆ 쓰레기 수집차가 회수한 쓰레기에서 흰 연기가 피어오르기 시작했기 때문에 쓰레기차에서 쓰레기를 모두 내려놓았다. ◆ 쓰레기 수거차가 수거한 쓰레기에서 화학물질로 인한 악취가 나 수거를 중단했다. ◆ 쓰레기에 주사바늘이 들어 있어 작업자의 손이 찔렸다.

3장 위험한 장치의 취급

3.1 처음에

모든 장치는 잘못 취급하면 위험하다. 특히 대규모 재해로 이어지는 장치를 취급하는 경우는 충분한 지식을 갖고 꼼꼼하게 주의를 기울여야 한다. 표 3.1의 구분에 따라 대형 재해로 이어질 수 있는 장치의 취급법을 살펴본다.

표 3.1 위험한 장치

장치의 종류	재해 종류	장치 예
전기장치	전기에 의한 감전, 화재, 폭발 등의 재해	각종 측정기기, 배전반
고에너지장치	감전, 화상, 실명, 방사선 장해 등	레이저, X선 장치
기계장치	기계적인 힘에 의한 상해	선반, 그라인더
고압장치	기체·액체의 압에 의한 상해와 폭발, 화재 등의 재해	오토클레이브, 봄베
고온·저온장치	온도에 의한 화상, 동상 그리고 화재, 폭발 등	전기로, 극저온 장치
유리 기구	유리에 의한 절상, 화상 등	

• 일반적 주의 •

① 고에너지를 사용하는 장치일수록 위험도가 높다. 고온, 고압, 고전압, 고속도, 고중량의 장치를 취급할 때는 충분한 방호 조치를 하여 신중히 취급해야 한다.

② 낯선 장치를 취급할 때는 조심해서 준비하고, 할 수 있으면 각 부분마다 체크한다. 또 사용 전에는 반드시 지도자의 점검을 받는다.

③ 취급에 숙련이 필요한 장치는 기본 조작을 습득한 후에 취급해야 하며, 안이한 태도는 큰 재해를 일으킬 수 있다.

④ 사용한 장치를 뒤처리하는 동시에 만약 고장 난 부분이 있으면 수리하거나 또는 그 취지를 관리자나 다음 사용자에게 전해야 한다.

⑤ 위험과는 다른 문제이지만 소음, 진동, 전자기 노이즈 등을 내는 장치에는 그에 대응한 방어 조치를 취한다.

3.2 전기장치

대부분의 실험장치가 전기를 에너지원으로 한다. 실험과 관련해서는 감전, 전기 재해(화재, 폭발 등)를 방지하는 노력이 필요하다(표 3.2).

표 3.2 전기장치 취급 시 일반적인 주의

| 전원 | • 사용 기기의 소비전류 합계가 전원의 정격전류(일반적인 콘센트는 15A)보다 크지 않을 것. 브레이커가 작동하는 경우는 정격 이상의 기기가 콘센트 등에 접속되어 있으므로 즉시 접속되어 있는 콘센트를 변경하는 등 전원을 분산한다.
• 각 기기에 개별 스위치를 붙여 구분하는 것은 절전 대책으로도 유효하다.
• AC 어댑터를 통해 기기에 전원을 공급하고 있는 경우는 그 기기에 부속되어 있는 것을 이용하되 다른 AC 어댑터를 유용하지 않는다.
• 장치 본체의 전원 부분에 퓨즈가 설치되어 있을 때는 표시 전류값 이상의 퓨즈를 절대 사용하지 않는다. |
| 전선 | • 피복이 벗겨진 것 등 노후 코드를 이용해서는 안 된다.
• 코드를 묶거나 밟지 않아야 하고 걸리지 않도록 유의한다.
• 습기나 약품, 부식성 가스에 노출되지 않게 주의한다.
• 히터류에는 내열 코드를 이용하고 비닐 코드를 이용해서는 안 된다. |

전기기기	• 기기에 소정 이상의 부하를 가해서는 안 된다. 큰 부하가 걸리면 변압기나 모터가 발열해 불이 나는 경우가 있다. • 일부 기기(회전기를 포함한 장치 등)는 정전 등이 있은 후, 전기가 흐르면 과부하가 걸려 발열, 화재의 원인이 된다. • 철야 운전하는 전기로, 항온조나 배기펌프 등은 보호 릴레이 등의 안전 회로를 부설해 두면 좋다. 드래프트, 전기냉장고, 건조기는 용제 등의 증기나 가스를 취급하는 경우라면 방폭형을 사용한다.
정전 기타	• 실험을 마치고 퇴실할 때는 전원 스위치를 반드시 끌 것. 정전 시, 특히 야간 실험을 마치고 퇴실할 경우에는 전원을 끄는 것을 잊지 않도록 주의한다. • 야간의 갑작스런 정전에 대비해 손전등을 알기 쉬운 정위치에 상비해 둔다. 정전 시에 자동으로 점등하는 비상등이 있으면 안심이다.

3.2.1 감전

감전이란 인간의 신체 일부에 전류가 흐르는 것으로, 가장 직접적인 전기 재해이며 때로는 사망할 수 있다. 감전은 배전선이나 전기기기의 통전부, 대전부에의 접촉, 접근에 의해 발생한다.

A. 인체에 미치는 영향

감전의 정도는 인체를 통과하는 전류의 값에 크게 영향을 받지만 감전 부위에도 관계가 있다. 전류가 심장부를 흐르면 심장 장애를 일으켜 가장 위험하다. 감전에 의해 심장의 근육이 경련(심실세동 등)을 일으킬 수 있다.

심장 장애는 자연 회복하는 것은 드물고 몇 분 사이에 죽음에 이른다. 때문에 감전 후 즉시 AED를 이용한 구명 조치를 강구하지 않으면 안 된다(4.7.3항 참조).

1초는 일순간이지만 전기적으로는 장시간이므로 감전 시의 통전 시간은 설령 1~2초여도 위험하다는 것을 명심한다. 50~60Hz의 교류전원에 의한 감전이 인체에 미치는 영향을 나타내면 표 3.3과 같다.

표 3.3 전류량에 의한 영향(50~60Hz 교류)

전류량/mA	인체에 미치는 영향
1	감각으로 감지
5	상당한 고통
10	참기 어려운 고통
20	근육의 수축, 감전 회로부에서 자력으로 이탈 불능
50	호흡 곤란, 상당히 위험
100	매우 치명적

인체의 저항은 피부 저항과 체내 저항이 있고 그림 3.1과 같이 접촉 전압이 높아지면 피부 저항은 낮아져 1,000V 정도가 되면 피부는 파괴되고 체내 저항만 있다. 더욱이 피부 저항은 발한 상태일 때나 물에 젖어 있을 때는 10분의 1 이하가 되어 위험성이 높다. 또한 동일 전압으로 비교하면 직류보다 교류가 위험도는 높다.

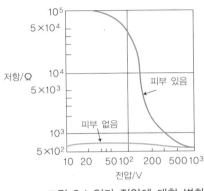

그림 3.1 인가 전압에 대한 변화

전류 경로 : 손→발, 전극 : 10~12cm²

표 3.4 고전압에 대한 안전 거리

전압(kV)	접근 가능한 안전 거리(cm)
3	15
6	15
10	20
20	30
30	45
60	75
100	115
140	160
270	300

또 고전압에는 접촉하지 않아도 플래시오버(섬락)나 유도 전류의 영향이 있으므로 위험하다. 고전압에 대한 안전 거리를 표 3.4에 나타낸다.

B. 감전에 관한 일반적인 주의

【감전 방지】

① 고전압이나 대전류의 대전부, 통전부에 접근·접촉하지 않게 절연물로 차폐한다. 또 위험 구역을 지정해 안전 거리 이내에 들어가지 못하게 펜스 등을 설치한다.

② 전기기기의 접지를 완전하게 한다. 고전압, 대전류 기기의 경우에는 접지 저항을 수Ω 이하로 한다. 최근의 수도관은 수지로 제작한 것이 많이 이용되기 때문에 접지 효과는 기대할 수 없다. 가스관은 결코 접지에 이용해서는 안 된다.

③ 대전부, 통전부에 직접 접촉하는 경우는 안전모, 고무구두, 고무장갑 등의 방호 도구를 착용한다. 전원을 끄고 접지봉 등으로 기기가 대전, 통전 상태가 아닌지 확인한 뒤에 작업을 한다.

④ 콘덴서 등은 전원을 꺼도 축전되어 있는 경우가 있으므로 주의한다.

⑤ 고전압, 대전류를 수반하는 실험은 두 명 이상이 조를 이루어 진행한다. 이 경우

명령체계를 명확하게 한다.

⑥ 전기기기는 누설 전류를 막기 위해 쓰레기나 기름을 청소하고 주변도 청결하게 유지한다. 경우에 따라서는 누전차단기를 설치한다.

⑦ 감전에 의해 전도해도 안전하도록 평소 실험실을 정돈해 둔다.

또 높은 곳에서 작업할 때는 안전대 등을 이용한다.

【감전 사고 발생 시】

① 신속히 전원을 끈다. 전원을 차단할 수 없을 때는 건조한 나무 또는 고무장갑 등을 이용해 감전자의 신체를 떼어 놓는다.

② 감전자를 현장 가까이의 쾌적한 장소로 옮기고 입고 있는 옷의 단추나 지퍼를 풀어 신체를 편하게 만든다.

③ 화상이나 외상이 없어도 신속하게 의사에게 연락해 조치를 받는다.

④ 쇼크 상태가 되어 심장이나 호흡이 정지했을 경우는 신속하게 심장 마사지를 시작하고 AED를 이용한 구명 조치를 실시한다(4.7.3항 참조). 회복이 불가능해 보여도 의료기관에 인계할 때까지 포기하지 말고 구급 활동을 실시한다(4.7절의 심폐 소생법을 참조).

! 사 고 예	◆ 마른 손으로 만졌을 때는 아무 느낌이 없지만 손이 젖었을 때는 격렬한 쇼크를 받았다. ◆ 장치가 고장 나 스위치를 끄고 수리하는 중 다른 사람이 그 사실을 모르고 스위치를 켜 감전했다.

3.2.2 전기 재해

전기로 인한 재해에는 화재와 폭발이 있다. 주요 요인으로는 표 3.5와 같은 것을 들 수 있다.

표 3.5 전기 재해의 주요 요인

발열	1. 누설 전류에 의한 줄열의 발생 2. 기기 및 전선의 과부하에 의한 발열 3. 전선 접속부의 접속 불량에 의한 발열
불꽃	1. 스위치 개폐 시의 스파크나 아크 2. 전선 간 합선 시의 스파크 3. 슬립 링이 붙은 전동기의 아크

이상과 같은 발열 또는 전기 불꽃 발생 시에 가연성, 인화성 물질 또는 가연성 가스, 분진 등이 부근에 존재하면 화재, 폭발을 일으킨다.

A. 전기 재해에 관한 일반적 주의 사항

【화재 · 폭발 방지】

① 정기적으로 절연 테스트를 실시해 누전의 조기 발견에 노력하는 동시에 기기의 보안 점검을 충분히 실시한다.

② 인화성, 가연성 물질을 스위치나 발열 기기 근처에 두지 않는다.

③ 가연성 가스나 분진이 방에 충만하지 않게 주의한다. 어쩔 수 없이 사용해야 하는 실험에서는 방폭 기기를 장착하고 가스 경보기 등을 설치할 필요가 있다.

④ 정전, 단수 시의 대처법을 미리 고려해 둔다.

【화재 발생 시】

① 전기 사고에 의해 화재가 발생했을 때는 특별한 사정이 없는 한 전기를 차단한 후 소화 활동을 시작한다.

② 특별한 사정이 있어 전기가 흐른 채 소화할 때는 물을 이용하면 감전 우려가 있으므로 분말 소화기나 탄산가스 소화기 등을 이용한다.

③ 재해 발생 시에 전원을 차단할 수 없는 사정이 있는 경우는 사고에 대비해 특별한 대책을 세워둘 필요가 있다.

사고예	◆ 실험대 위에 가열되어 있는 전열기를 끄고 이상이 없음을 확인한 후 귀가했지만 잠시 후 화재가 발생했다(목제 실험대가 열의 축적으로 표면이 탄화 내부에 착화되어 있어 균열 부위에서 불이 점차 확대했기 때문). ◆ 배전반 청소 시 도료를 바르고 잠시 후 스위치를 켜 유기용제에 인화해 폭발했다.

B. 방폭 기기 사용상의 주의 사항

① 방폭 기기는 용제 등의 증기나 가스를 취급하는 위험한 장소에서 사용하지만 만능은 아니기 때문에 주의해야 한다.

② 방폭 기기에는 d2G4 등의 사양이 기재되어 있다. d는 방폭 구조의 종류 중 내압 방폭 구조인 것을 나타내고, 2는 폭발 등급이 2, G4는 발화도가 4인 것을 의미한다. d2G4의 기기는 수성 가스나 이황화탄소를 취급한다. 위험한 장소에서는 사용할 수 없다(표 3.6).

③ 실험실에서 방폭 냉장고를 사용하는 경우는 방폭 사양을 확인하고 적용 이외의 물질을 넣어서는 안 된다.

표 3.6 주요 가스와 방폭 사양의 관계

발화도[*1]	G1	G2	G3	G4	G5	G6
발화 온도(℃)	450 이상	300~450	200~300	135~200	100~135	85~100
폭발등급 d1	아세톤 암모니아 메탄올 메탄 외	에탄올 부탄 무수초산	가솔린 헥산 케로신	아세트알데히드 에틸에테르 트리메틸아민		
폭발등급 d2	석탄 가스[*4]	에틸렌 에틸렌옥시드	디메틸에테르	에틸메틸에데르		
폭발등급 d3	수성 가스[*5] 수소	아세틸렌			이황화탄소	

＊1 발화도는 사용 가스의 발화 온도에 대응한 규정(G6이 엄격한 사양 기준).
＊2 폭발 등급은 화염 전파를 방지하기 위한 기기 구조의 규정(3이 어려운 사양 기준)
＊3 방폭 구조는 그 밖에 i : 본질 안전 방폭, e : 안전증 방폭 구조 등이 있다.
＊4 석탄을 고온 건류해 얻을 수 있는 가스
＊5 석탄, 석유 등에 수증기를 빨아들여 고온으로 반응시킬 수 있는 합성 가스. 주성분은 수소와 일산화탄소

3.3 레이저 등

3.3.1 고에너지 장치

A. 고에너지 장치의 위험성

고에너지 장치를 사용할 기회가 증가하고 있다. 고에너지 장치를 이용할 때는 직류 고전압이나 고주파 고전압을 취급하는 만큼 감전, 전기 재해에 주의해야 한다. 또 사용 에너지가 강해짐에 따라 위험성도 증대한다.

예를 들어 레이저나 레이더 등 강력한 전자파를 방사하는 고주파 장치는 마이크로파나 광파에 의해 순간적으로 큰 화상을 입거나 실명할 우려 또는 생명에 지장이 있을 수도 있다. 또 다음 절에서 자세하게 설명하겠지만 방사선 발생 장치를 취급할 때는 실험자 및 주변에서 일하는 사람의 방사선 피폭에 의한 방사선 장해에 세심한 주위를 기울이지 않으면 안 된다.

고에너지 장치(방사성 물질을 포함한다)는 각각 취급 책임자, 주임자 등의 관리, 지도하에 특정 장소, 시설에서 이용하되 사용 규정이나 취급 주의 등이 정해져 있으므로 이를 준수하여 장애의 방지 및 공공의 안전을 확보해야 한다.

B. 고에너지 장치 사용 시의 일반적인 주의 사항

① 고에너지 장치의 설치 장소에는 위험 구역임을 표시한다. 특히 위험한 장소(고전
압부, X선, 전자파 등의 방출부)에는 펜스를 설치하여 들어가지 못하도록 한다.

② 장치의 제작, 배선, 수리 등은 전문가에게 의뢰한다.

③ 실험실은 정리, 정돈하여 청결 상태를 유지한다.

④ 실험은 2명 이상 조를 이루어 실시한다.

⑤ 장치에는 반드시 접지를 하고 접지봉을 갖춘다.

⑥ 변압기는 소형이어도 충분히 주의한다.

⑦ 전지를 다수 직렬로 연결한 고전압의 것은 위험하다.

⑧ 진공 중에 고전압 대전부가 장입되어 있을 때 부주의하게 진공을 빼면 통전하는
일이 있으므로 주의해야 한다.

⑨ 전기 분해 콘덴서는 폭발할 수 있으므로 주의해야 한다.

⑩ 15kV 이상의 고전압은 X선을 발생할 우려가 있으므로 주의해야 한다.

⑪ 가이슬러 방전관도 X선을 방출하므로 장시간의 사용은 주의한다.

⑫ 그 외 3.2절에서 이미 언급한 「전기장치」의 주의 사항을 지킨다.

⑬ 고전계 내에서 인체가 입는 폐해에 대해서는 불분명한 점이 많지만 가능하면 고
전계에는 접근하지 않는 것이 좋다.

⑭ 아크 용접 등 방전에 수반하는 발광은 자외선이 많이 포함되어 있으므로 직접 눈
으로 보지 않도록 주의한다.

3.3.2 레이저

레이저 장치는 강력한 레이저 광선을 방출한다. 그 파장은 진공자외(원자외), 자외,
가시, 적외, 밀리파에 이른다. 이 광선을 직접 눈으로 보면 눈의 망막을 태워 실명하는
일도 있다.

그러나 레이저광은 방사선과 같이 투과능이 크지 않기 때문에 눈을 제외하면 생체
조직은 빛에 대해서 불투명해 내부에는 침투하지 않기 때문에 상피조직(피부)에 한정
된다. 다만, 빛 에너지가 과잉으로 클 때는 큰 화상을 입을 위험성이 있다.

A. 레이저의 위험도에 의한 분류

레이저광의 위험도는 표 3.7에 나타냈듯이 크게 1~4의 클래스로 분류되고 숫자가
클수록 위험성이 높다. 클래스 1~3에는 서브 클래스를 설정하여 위험성 표시를 세분화
했다.

모든 레이저 장치에는 위험도에 따른 경고 라벨(그림 3.2), 설명 라벨(그림 3.3), 통로 라벨(레이저 방사가 방출되는 개구부에 붙인다) 등을 붙여야 한다(라벨에 관한 상세한 규정에 대해서는 JIB C6802:2014를 참조).

표 3.7 레이저의 위험도에 따른 분류

클래스	레이저의 종류
1	인체에 영향이 없는 저출력의 레이저(He-Ne 레이저로 0.39mW 이하)
1M	클래스 1과 동일한 수준이지만 광학기기를 이용해 집광해 관찰하면 위험할 가능성이 있는 레이저
1C	의료나 미용 분야에서 몸 조직(안부를 제외)에 조사하기 위한 레이저. 강한 출력을 가진 것도 포함되므로 취급 설명서대로 사용하되 목적 외에는 사용하지 않는다.
2	가시광선 레이저(파장 400~700nm)로 인체의 방어 반응(눈 깜빡임, 머리 회피 행동)에 의해 피해를 입지 않을 정도의 레이저(연속 발진하는 가시광선 출력으로 1mW 이하)
2M	클래스 2와 동일한 수준이지만 광학기기를 이용해 집광해 관찰하면 위험할 가능성이 있는 레이저
3R	직접적인 빔 내 관찰은 잠재적으로 위험한 레이저(가시광선 레이저이면 클래스 2의 5배 정도, 그 이외 파장의 레이저는 클래스 1의 5배 정도의 출력).
3B	직접 및 거울면 반사에 의한 레이저광의 노출에 의해 눈의 장애를 일으킬 가능성이 있는 레이저(연속 발진하는 레이저는 대개 0.5W 이하)
4	확산 반사(벽 등의 까칠까칠한 표면에 해당하는 반사)에 의한 레이저광의 노출로도 눈이나 피부에 손상을 줄 가능성이 있는 레이저(연속 발진하는 레이저이면 0.5W를 넘는 것).

그림 3.2 경고 라벨

그림 3.3 설명 라벨

B. 레이저에 관한 일반적인 주의 사항

① 레이저를 취급할 때는 반드시 보호 안경을 착용한다. 보호 안경은 사용하는 레이저의 파장에 맞는 것을 이용한다.

② 예기치 않은 반사광이 눈에 들어올 수 있으므로 광선의 방출 방향에 충분히 주의하는 동시에 반사하는 벽 등이 없는지 확인해 둔다.

③ 레이저의 장치 전체를 가리는 것이 바람직하다. 레이저의 광로상에는 적절한 차폐물을 설치한다.

④ 강력한 레이저 광선을 출력하는 장치에는 광선을 포착하는 트랩을 설치한다.

⑤ 강력한 레이저 광선을 조사한 시료로부터 2차적으로 X선이 발생하는 일이 있으므로 X선에 대한 주의가 필요하다.

⑥ 레이저 장치는 고압 전원을 사용하므로 주의해서 취급해야 한다.

3.4 방사성 물질과 방사선 발생 장치

3.4.1 비밀봉선원의 안전 취급 원칙

방사성 물질 또는 이것을 포함한 화합물 가운데 밀봉되어 있지 않은 것을 비밀봉선원이라고 한다. 비밀봉선원을 취급할 때 특별히 주의하지 않으면 안 되는 것은 외부 피폭 외에 밀봉선원과 달리 지근거리에서 조작하는 일이 많아 생기는 체내 흡수에 의한 내부 피폭이다.

외부 피폭은 물리적 조건을 충족하면 어느 정도 막을 수 있어 피폭량을 추정할 수 있지만 내부 피폭은 예기치 못한 체내 흡수로 일어나므로 이를 방지하려면 화합물의 휘발성, 분해성 등의 물리적·화학적 특징을 파악해야 한다.

3.4.2 관리 구역의 출입 방법

A. 관리 구역 출입의 기본

비밀봉선원을 사용하는 관리 구역 내에서는 전용 슬리퍼와 방호복을 사용한다.

관리 구역 외에서 사용하는 용도의 슬리퍼나 실험복과는 엄밀하게 구별해 공용하지 않는다. 퇴출 시에는 반드시 오염 검사를 해 오염되지 않았는지 확인한다. 만일 오염이 발견되었을 경우에는 제염을 실시한다.

최근에는 입퇴실을 ID 카드로 관리하고 있는 곳이 많아 ID 카드와 PC로 관리 구역

경계의 문, HFC 모니터를 자동 제어해 개인명, 입퇴실 기록, HFC(핸드 풋 크로스) 모니터 계수치 등이 기록된다. 이 데이터가 기록되어 있지 않으면 문이 열리지 않는 시스템으로 되어 있다. 게다가 비디오카메라로 24시간 기록하기도 한다.

B. 입퇴실의 구체적인 예

그림 3.4 및 그림 3.5에 일반적인 관리 구역에 입퇴실하는 순서를 나타냈다. 관리 구역에의 입퇴실은 각각의 시설에 의해 차이가 있기 때문에 상황에 따라 대응한다. 그러나 관리 구역 안과 밖을 완전하게 구별해 물질의 이동을 제어하는 조치는 어느 시설에서든 절대적이다.

그림 3.4 관리 구역에 들어가는 순서

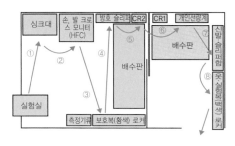

그림 3.5 관리 구역에서 나가는 순서

【입실 시 – 관리 구역 앞에서】
① 일반 실험복이나 가방 등은 로커에 넣는다.
② 구두, 슬리퍼 등 신을 벗어 발판 등에 올린다.
③ 자신의 개인 선량계를 장착한다.
④⑤ ID 카드를 리더에 인식시켜 등록자이면 자동문이 열리므로 입실한다.
⑥⑦ 관리 구역에 들어가 방호 슬리퍼, 방호복을 착용한다. 방호복의 버튼은 오염 방지를 위해 반드시 채운다.
⑧ 실험실로 향한다.

【퇴실 시 – 실험실에서 오염 검사실로】
① 개수대에서 손을 깨끗이 씻는다.
② HFC 모니터로 오염 검사를 한다. 오염되었을 경우는 방사선 취급 주임자에게 알려 제염 등을 실시한다.
③④ 방호복, 방호 슬리퍼를 벗는다.
⑤ ID 카드를 리더에 인식시켜 문을 열고 퇴실한다. 이때 물품을 꺼내는 경우는 물품

의 오염 검사도 실시해야 한다.

⑥ 개인 선량계를 반환한다.

⑦⑧ 신발과 흰옷을 착용하고 퇴실한다.

관리 구역의 입퇴실에서 중요한 것은 관리 구역에서 방사성 동위 원소가 밖으로 배출하지 않도록 하는 것이다.

3.4.3 비밀봉선원 사용 절차와 실험 계획

비밀봉선원은 그림 3.6에 나타낸 것과 같은 흐름에 따라 사용하되, 일련의 작업 내용을 기록하고 관리실에 보고할 필요가 있다.

실험 계획을 세울 때는 비밀봉선원 사용의 필연성, 표식 화합물의 종류, 핵종의 반감기, 피폭 선량 등을 잘 검토해 방사선 취급 주임자 등과 잘 상담한 후 적절한 핵종을 선택한다. 또 계획 시에는 비밀봉선원의 선택에 추가해 작업에 필요한 실험 기기, 방호 용품, 차폐 용구, 서베이미터 등을 준비해 둔다.

그림 3.6 방사성 동위 원소 사용 흐름

3.4.4 콜드 런

비밀봉선원을 사용하는 실험(핫 런)을 실시할 때 비밀봉선원을 바로 사용하는 것이 아니라 미리 안정 동위체를 이용한 확인 실험(콜드 런)을 실시한다. 콜드 런의 효과는 다음과 같다.

① 불필요한 방사성 동위 원소를 사용하지 않아도 된다.

② 방사성 동위 원소의 취급 방법이 개선되어 방법·순서를 확인할 수 있다.

③ 필요한 실험장치 및 기구류의 수량이나 취급 방법을 확인할 수 있다.

④ 작업 효율이 좋아진다.

콜드 런은 비밀봉 실험을 하기 전에는 반드시 실시하는 것이 좋다. 만일 콜드 런을 실시하는 것이 어려운 경우는 지면에서 시뮬레이션을 면밀하게 실시한다.

3.4.5 비밀봉선원 안전 취급 예

① 손이나 얼굴 등에 상처가 있을 때는 취급하지 않는다. 또 컨디션이 좋지 않을 때는 예기치 않은 사태가 일어날 가능성이 있으므로 가능한 한 취급을 피하는 것이 좋다.

② 개인 선량계를 반드시 착용한다.

③ 원칙적으로 혼자 실험을 실시하지 않는다. 반드시 여러 명이 실시하되, 비밀봉선원을 취급하는 사람, 취급하지 않고 실험 보조를 담당하는 사람을 미리 결정해 두어 혼란이 없게 한다.

④ 비밀봉선원을 취급할 때는 보호 안경, 마스크, 고무장갑을 착용한다. 이들 장비가 오염되었을 때는 즉시 제염하거나 새로운 것으로 교환한다.

⑤ 서베이미터를 상시 ON 상태로 해 둔다.

⑥ 비밀봉선원은 원칙적으로 후드(드래프트 챔버, 글로브박스 등) 내에서 취급한다. 이때 후드 밖으로 비밀봉선원이 빠져 나오지 않도록 음압 상태인지 확인한다. 후드 내는 만일 오염될 경우 제염하기 쉽게 폴리에틸렌 여과지로 커버해 두면 좋다. 또 후드 앞의 마루에도 오염 확대 방지를 위해 폴리에틸렌 여과지를 깔아 둔다.

⑦ 비밀봉선원을 취급하는 작업자는 고무장갑을 착용한 채 전원 기기나 가스 등의 스위치를 만지지 않는다. 부득이한 경우 보조자에게 의뢰한다.

⑧ 실험에서 사용하는 핵종이 γ선 방출 핵종인 경우는 납 등의 차폐체를, ^{32}P 등이 강한 β선 방출 핵종에는 아크릴 등의 칸막이를 배치한다. 납이나 칸막이에도 제염하기 쉬운 방책을 세워 두면 좋다.

⑨ 냉동 보관한 비밀봉선원은 습기가 용기에 들어가는 것을 막기 위해 실온으로 하고 나서 개봉한다.

⑩ 개봉 시에는 터질 수 있기 때문에 용기 뚜껑을 비닐봉투로 가리는 등의 대책을 강구한다.

⑪ 사용하고 있는 핵종이 무엇인지 쉽게 알 수 있도록 표시한다.

⑫ 작업 종사자는 실험 중에 자리를 떠나지 않아야 한다. 다만 불필요한 피폭은 피하지 않으면 안 되기 때문에 임기응변으로 대응한다.

⑬ 후드 내에 반입한 기구류를 내보낼 때는 반드시 서베이미터로 오염의 유무를 체크한다.

⑭ 실험 중에 발생한 폐기물은 가연, 불연, 난연으로 분별해 폐기한다.

⑮ 실험이 끝나면 후드 내, 후드 주변 및 마루 등의 오염을 검사한다. 만일 오염이 발

견되었을 때는 표식을 해서 오염 장소를 알 수 있도록 한다. 또 마루가 오염되어 있는 경우는 확대되지 않도록 출입 금지구역을 구획한다.

⑯ 오염 부분은 신속하게 제염하고 표면 밀도 이하인지를 확인한다.

⑰ 사용 종료 후는 사용자 이름·사용 시간·일시·장소·방법을 기록해 둔다.

일반적으로 비금속 원소에 속하는 방사성 동위 원소는 비산율이 높고, 금속 원소에 속하는 방사성 동위 원소는 비산율이 낮다. 또 유기 화합물은 무기 화합물에 비해 높다고 할 수 있다. 비산율이 높은 주요 원소로는 ^{3}H, ^{14}C, ^{35}S, ^{131}I 등이 알려져 있다.

비밀봉선원을 취급하는 실험실은 보통 여러 사람이 쉴 새 없이 사용하는 것이 예상되므로 같은 실험실을 사용하는 사람들에게 몇 시부터 몇 시까지 어떤 핵종을 얼마나 어떻게 사용할 것인지를 미리 전달해 두는 것이 좋다.

이렇게 함으로써 주의를 환기시켜 예기치 못한 사태가 일어날 가능성을 줄일 수 있다. 또 갑작스러운 실험 등으로 미리 알리지 못한 경우에는 실험실 문 밖에 '비밀봉선원 사용 중' 등의 간판을 걸어 둔다.

3.4.6 방사선을 이용하는 장치

A. 가속기 시설

하전 입자를 가속시키는 장치를 가속기라고 부른다. 가속기에는 몇 가지 종류가 있으며 싱크로트론, 이온가속기, 베타트론, 직선 가속 장치 등이 있다. 또 가속기 중에서 표면으로부터 10cm 멀어진 위치에서 최대 선량당량률이 1cm 선량 등률에 대해 600nSv/h 이하인 것은 법 규제 대상에서 제외된다. 통상의 가속기는 선량당량률이 600nSv/h를 크게 넘기 때문에 법령에 의해 규제를 받고 있다.

가속기는 운전 시에 발생 장치실이나 조사실 내에 침입하면 치명적인 피폭을 받기 때문에 인터락 등의 사고 방지 대책을 의무화하고 있다. 실험 편의상 고의로 절대로 제거해서는 안 된다.

보통은 에어리어 모니터의 선량이 설정 기준을 넘으면 가속기가 자동으로 정지하거나 경보가 울리는 시스템이지만 선량의 기준은 시설에 따라서 다르기 때문에 잘 확인해 둘 필요가 있다.

또 이온가속기와 같은 대형 가속기 시설에서는 운전 정지 후에도 방사화에 수반하는 표면 오염이나 타깃 부근으로부터 피폭 우려가 있기 때문에 공간선량률을 조심할 필요가 있다. 공간선량률이 확실치 않은 가속기 시설에 들어가려면 반드시 서베이미터를 지참하고, 개인 선량계를 몸에 지닌다. 실험 시 이용하는 사람과 운전하는 사람 및 주임자는 긴밀하게 의사 소통을 해야 한다. 운전 관리자나 방사선 취급 주임자의 지시에 따라 사용하도록 한다.

B. 대선량 조사 시설

밀봉대선원을 사용하는 조사 시설은 선원이 T(테라) Bq를 넘는 일도 있고, 그 선량은 선원으로부터 1m 지점에서 몇 초~몇 분에 연간 선량 한도를 넘어 10분을 넘으면 치명적인 피폭을 입을 가능성도 있다. 여기에서는 특히 γ선 조사 시설에서 ^{60}Co의 안전한 취급에 대해 말한다.

그림 3.7에 γ선 조사 시설 평면도의 일례를 나타냈다. 이 예에서는 ^{60}Co 선원의 선량률을 물의 흡수 선량으로 나타내면 선원에 밀착시킨 상태로 200Gy/h이다. γ선 조사 시설은 시료를 선원 근처로부터 먼 곳까지 자유롭게 배치할 수 있어 조작은 극히 단순하다. 공간을 한층 넓게 취할 수 있기 때문에 대형 기기를 안에 옮겨 넣거나 특수한 조건에서 조사 실험을 실시하는 것도 가능하다.

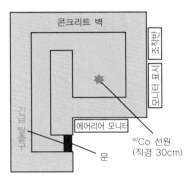

그림 3.7 γ선(^{60}Co) 조사실 평면도

시설 자체에는 안전 대책이 다중으로 강구되어 있다. 선원은 사용하지 않을 때는 조사실 천장에 보관하고 조사 시에는 원격 조작으로 조사실 내에 세트된다. 조사실은 두꺼운 콘크리트로 둘러싸여 있어 조사실 외의 선량은 자연 방사선 수준이다.

또 출입구로부터 선원까지는 몇 차례 모퉁이를 돌아야 하는 구조로 되어 있어 산란선에 의한 출입구 부근의 선량을 억제하고 있다. 게다가 인터락 시스템에 의해 선원이 나와 있을 때는 입실할 수 없다. 조사실 내부는 모니터로 항상 감시하고 있어 안에서 사람이 작업하고 있는 모습을 확인할 수 있다. 만일 갇혔을 경우에 대비해 긴급 탈출구는 안에서 쉽게 열리도록 설계했다.

입실 순서는 각 시설에 정해진 규칙에 따라 방사선 취급 주임자의 지시를 반드시 따른다. 또 개인 선량계는 반드시 착용하고 예측 불허의 사태에 대비해 서베이미터로 측정하면서 입실을 실시하면 좋다.

C. X선 등 장치

X선 등 장치는 비교적 소형이고 조작이 간단하며 X선을 이용한 구조 해석이나 정성 정량 분석은 연구에 없으면 안 될 정도로 중요하므로 사용 빈도가 매우 높다.

법령에서는 「1MeV 미만의 에너지를 가지는 X선 및 전자선」을 발생시키는 장치를 「X선 등 장치」라고 부른다.

1MeV 미만의 에너지를 가지는 X선 및 전자선은 방사선장애방지법에서 규정하는 방사선은 아니기 때문에 X선 등 장치는 방사선 장치는 아니다. 그렇다고 해서 안전하다는 얘기는 아니다. X선에 피폭되면 방사선 피폭과 마찬가지로 인체에 영향이 미치기 때문에 충분히 주의해야 한다.

1MeV 미만의 에너지를 가지는 X선 및 전자선을 발생하는 X선 등 장치는 노동안전위생법이나 전리방사선장해예방규칙으로 규제되고 있어 X선 등 장치를 이용하는 작업을 실시할 때는 관리 구역마다 X선 작업 주임자 면허가 있는 사람 가운데 X선 작업 주임자를 선임하도록 정해져 있다.

다만, X선 등 장치의 외부로 관리 구역이 확대되지 않게 차폐되어 있고(관리 구역이 장치 내부만), 인터락 등으로 X선 발생 시에 용이하게 문 등이 열리지 않는 구조의 장치에 대해서는 X선 작업 주임자의 선임은 필요하지 않다. 그러나 피폭 가능성이 낮다고 생각에 방사선을 사용하고 있다는 의식이 희박해질 수 있어 주의가 필요하다.

X선 작업 주임자의 직무는 관리 구역의 안전 관리와 교육이다.

【X선 작업 주임자가 작업자에게 주의시켜야 할 사항】

① 관리 구역을 명시하여 관리 구역 경계의 문 등에 그 취지를 명기하는 표지 등을 붙인다.

② 관리 구역에 사람이 함부로 들어오지 않게 하고 관계자 외 사람의 출입을 막는다.

③ 입실하는 사람에게 반드시 개인 선량계를 착용시켜 피폭선량을 모니터링한다.

④ X선 등 장치의 정격 출력 · 형식 · 제조자명 및 제조년월일 · 관리 책임자 · 선량 측정 결과를 표시한다.

⑤ 사고가 일어났을 때에 대비해 긴급 연락처나 대처 방법을 게시해 둔다.

【관리 구역이 필요 없는 X선 등 장치에 대한 주의 사항】

① X선 작업 주임자를 둘 필요는 없지만 장치를 잘 알고 있는 사람이 관리 책임자를 맡아 안전 관리에 노력한다.

② 장치의 인터락을 용이하게 해제할 수 없게 한다.

③ 정기적으로 점검을 실시해 인터락 등의 안전 기구가 정상적으로 작동하는지 또 누설 선량이 없는지 확인한다.

④ '장치 내만 관리 구역'이라는 표지를 붙여 둔다.

【X선 장치를 이용하는 작업자가 사용 시에 주의할 사항】

① 작업을 실시하기 전에 교육 훈련을 받는다.

② 방사선 업무 종사자로서 소속 조직의 규칙에 따라 등록하고 개인 선량계를 착용한다.

③ 필요에 따라 정기적으로 건강 진단(전리 건강 진단)을 받는다.

④ X선 작업 주임자 또는 장치 관리 책임자의 지시에 따른다.

사고예 ◆ 전자 부품 제조사의 공장에서 X선을 이용해 반도체 부품을 검사하던 중 작업자 3명이 오른손에 50~100Sv의 고선량 피폭당했다. 피폭된 오른손의 피부는 괴사했다. ◆ 가속기 시설에서 인터락이 고장 난 것을 모른 채 작업하여 연구원 6명이 수mSv~수십mSv의 피폭을 당했다. ◆ 관리 구역 내에서 방사성 물질(^{35}S)을 이용해 실험한 후, 방사성 물질이 사용된 샘플을 관리 구역 외로 갖고 나가 주변이 오염되었다.

• 방사선 표식 •

방사선(α선, β선, γ선 및 중성자선)의 영향을 받는 관리 구역에는 표식을 붙이도록 규정되어 있다. 다음에 일례를 나타냈다.

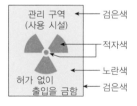

3.5 기계장치

기계 · 공구를 이용한 작업은 초보자에게 생각하지 못한 사고를 초래하는 경우가 많다. 공작법에는 경험에 의거한 합리적인 작업 방법과 순서가 있으므로 숙련자의 지도에 따라 표준 작업을 숙지해 두어야 한다.

결코 서툰 지식으로 무리한 작업을 해선 안 된다.

A. 기계 장치에 관한 일반적 주의

① 공작기계를 취급하는 경우는 정규 공구를 사용한다. 기계에 적합한 형상·치수의 공구를 올바르게 취급한다. 기계 또는 공구가 파손되거나 기계를 분실했을 경우에는 반드시 관리자나 담당자에게 신청해 정비해 둔다.

② 기계 공구, 안전 장치 등의 보수 관리는 철저히 한다.

③ 공작 재료의 종류, 형상 등에 의해 사고가 일어나므로 주의한다.

④ 칼날, 가공물, 공구 등의 설치는 꼼꼼하고 확실히 실시한다.

⑤ 기계의 구동 부분(회전축, 기어, 도르래, 벨트)에는 커버를 붙여 직접 손이 닿지 않게 한다. 대형 기계는 스위치를 꺼도 정지하기까지 시간이 걸리므로 주의한다.

⑥ 기계 운전 시에는 점검, 신호, 기동의 3동작을 주의해서 수행한다. 정지 시에도 신호, 정지, 확인의 3동작을 준수한다.

⑦ 정지 중인 기계도 타인이 잘못해 스위치를 켤 가능성이 있기 때문에 점검, 수리, 급유, 청소 등을 실시할 때는 기동 장치에 자물쇠를 채우거나 표지판을 배치한다.

⑧ 안전 장치의 조작법도 숙지한다.

⑨ 정전되었을 때는 반드시 스위치, 클러치 등을 꺼 재송전에 의한 사고가 일어나지 않게 한다.

⑩ 기계의 구조나 운동 등을 지시하는 경우에는 봉 등을 이용하되 절대 손가락으로 가리켜서는 안 된다.

⑪ 용접(전기, 가스)은 유자격자 외에는 실시해서 안 된다.

⑫ 작업장은 항상 잘 정리 정돈해 두고 모든 물건의 올바른 보관 장소와 보관 방법을 정해 둔다.

⑬ 복장은 기계에 말려들지 않고 편하게 동작할 수 있는 것이어야 한다.

　작업복 : 소매구, 옷자락은 집어넣는 것이 좋다.

　구두 : 안전화를 착용하고 나막신, 슬리퍼, 샌들 등은 금한다.

　장갑 : 일반적으로 사용하지 않는다.

　기타 : 안전모, 헬멧, 보호용 안경을 착용한다.

B. 각종 공작기계에 대한 주의사항

공작기계에는 다양한 것이 있다. 취급상 주의 사항을 표 3.8에 나타냈다.

표 3.8 각종 공작기계 취급상의 주의

볼반	• 재료의 고정에는 파지용 바이스 또는 치구를 이용한다. 소물 가공 시에도 손으로 누르면 위험하다. • 드릴, 재료의 탈착은 회전이 멈추고 나서 실시한다. 또 체크 조임 핸들을 장착한 채 회전시키지 않다. • 절삭 칩은 고온이기 때문에 만져서는 안 된다.
선반	• 재료는 치구를 이용해 척으로 견고하게 고정한다. • 균형 추를 이용해 회전의 밸런스를 취한다. • 바이트는 올바른 위치에 느슨해지지 않게 고정한다. • 무리하게 이송(feed)하지 않는다. • 가공 중의 계측이나 바이트의 청소는 반드시 기계를 멈추고 실시한다. • 기계, 칼 끝에 이상 진동이나 소음이 발생하면 작업을 중지하고 점검한다. • 절삭 중 칼날을 꽂은 채 기계를 멈추어선 안 된다. 반드시 칼날을 분리하고 나서 정지시킨다.
밀링머신	• 재료는 치구 등으로 확실히 고정한다. • 운전 중에 밀링 커터가 재료에 걸려 기계가 정지했을 때는 전원 스위치를 끄고 숙련자의 지시를 받는다. • 무리하게 이송하지 않는다.
그라인더	• 절삭 칩이 날리기 때문에 반드시 방진 안경 등의 보호 도구를 착용한다. • 숫돌의 교환과 설치는 유자격자 외에 해서는 안 된다. • 사용 전에는 반드시 시운전을 하여 숫돌의 분열, 볼트의 이완 등이 없는지 확인한다. • 받침대와 숫돌의 간격은 2~3mm를 유지할 것. 간격이 넓으면 재료, 손가락 등이 말려 들어간다. • 숫돌은 고속 운전하고 있기 때문에 그라인더의 전면에 신체가 오지 않는 위치에서 작업한다. • 숫돌의 측면은 사용하지 않는다. 소품을 연삭할 때는 플라이어 등으로 유지한다.
전기 핸드드릴	• 드릴링 머신의 취급에 대한 주의 사항을 지킨다. • 팔의 힘이나 신체의 중량감으로 드릴을 꽉 누르므로 구멍이 관통한 순간이나 드릴이 파손한 순간에 신체의 균형을 잃어 부상을 당하는 일이 있다.
기계톱	• 사고가 많은 기계이므로 특히 사용 전에 철저히 점검해야 한다. • 시료를 확실히 고정해 두었음에도 도중에 상태가 좋지 않을 때는 반드시 스위치를 끄고 조정한다. • 작업 중에 현장을 떠나서는 안 된다.

> **!**
> **사**
> **고**
> **예**
> ◆ 커팅 그라인더로 절단 중 숫돌이 절손하여 파편이 날아가 상처를 입었다. ◆ 드릴링 머신에 억지로 구멍을 뚫으려고 하다가 부재가 드릴과 함께 회전하여 손가락이 잘렸다. ◆ 목에 수건을 건 채 선반 작업을 시작했는데 회전부에 수건이 말려 들어갔다.

고압 장치는 표 3.9에 나타낸 것과 같은 각종 단위 기기의 조합에 의해 구성된 집합체이다.

고압 장치가 파열 사고를 내면 고속도로 비산하는 파편, 급격하게 방출되는 가스의 충격파에 의해 사람 및 장치, 설비에 큰 손상을 줄 뿐만 아니라 사용 가스, 주변에 존재하는 약품 등에 의한 폭발, 화재 등의 2차 재해도 수반하는 경우가 많다. 따라서 고압 장치 취급에는 「고압가스보안법」이나 「노동안전위생법(보일러 및 압력 용기 안전 규칙)」의 적용을 받는 것이 있다.

표 3.9 고압 장치의 구성 기기류

고압 발생원	가스 압축기, 고압가스 용기(봄베) 등
고압 반응기	오토클레이브, 각종 합성관, 촉매 충전관 등
고압 유체 운송기	순환 펌프, 도관 유량계 등
고압 기기류	압력계, 각종 고압 밸브 등
안전 기기류	안전 밸브, 역화 방지 밸브, 역지 밸브 등

고압 장치에 관한 일반적인 주의 사항

① 실험의 목적, 조건을 명확하게 파악하고 그에 맞는 장치, 기기류, 구성 재료를 선택한다.

② 장치를 구입, 제작할 때는 신용있는 제조사를 선정하되 그때 사용 압력, 온도, 약품의 성질과 상태 등 각종 조건을 충분히 고려한다.

③ 안전 기기류를 반드시 장착한다. 특히 위험이 예측될 때는 원격 측정용·조작용 제품을 사용한다. 또 안전 기기류의 정기적 검사를 소홀히 해서는 안 된다.

④ 정전 등에 의해 제기능을 못할 때를 대비해 안전 조치를 강구해 둔다.

⑤ 고압 장치는 시험 내압의 3분의 2 이하의 압력으로 사용한다(상용 압력의 1.5배의 압력으로 내압 시험을 실시할 것).

⑥ 실험실은 3방향을 두꺼운 방호벽으로 둘러싸고 1방향을 약한 송풍벽으로 한다. 지붕도 경량 재료로 만든다.

⑦ 고압 장치는 상용 압력 이상의 압력을 가해 가스 누설이 없는지 확인하는 것은 물

론 만약 누설돼도 체류하지 않게 실내 환기에 주의한다.

⑧ 실험실 내의 전기 설비는 가스의 성질과 상태에 따라 방폭형으로 하는 등 적절한 것을 선택한다.

⑨ 실험실 내의 장치 배치는 만약의 사고에 대비해 피해를 최소화할 수 있도록 고려한다.

⑩ 실험실 밖 및 주변에 표식을 하여 실험 내용, 사용 가스 등을 외부 사람도 명확히 알 수 있도록 한다.

⑪ 고압 실험은 위험도가 높기 때문에 각종 장치, 기기류의 구조, 취급법을 숙지한 후 신중하게 실시해야 한다. 불명확한 점이 있으면 전문서를 참조하거나 전문가의 지시를 받는다.

3.6.1 오토클레이브

실험실의 고압 실험에서 가장 널리 이용되고 있는 것이 오토클레이브(autoclave, 포화 증기에 의한 고온 고압하에서 화학 처리를 하는 내열 내압 기기)이다. 본체인 고압 용기 외에 압력계, 고압판, 안전 밸브, 전열기, 교반기 등이 일체로 제작되어 있는 것이 많다. 구조에 따라서는 고압가스보안법에 의거하여 허가나 신고가 필요할 수 있으므로 장치 제조사 등에 확인한다.

【오토클레이브에 관한 일반적인 주의 사항】

① 오토클레이브는 지정된 장소에서 취급 지시에 따라 조작한다.

② 본체에 적혀 있는 내압 시험 압력, 상용 압력, 최고 사용 온도를 확인하고 범위 내에서 사용한다.

③ 게이지 표시 압력의 3분의 2 이하, 가압 용기 내압의 2분의 1 이하의 압력으로 사용하는 것이 바람직하다. 압력계는 가끔 표준 압력계와 비교해 보정한다.

④ 산소용 압력계는 다른 가스용과 혼용하지 않는다.

⑤ 안전 밸브, 그 외의 안전 장치는 정기 점검한 소정의 것을 이용한다.

⑥ 온도계는 확실히 반응 용액 중에 들어가 있도록 주의한다.

⑦ 용기 내용적의 3분의 1 이상의 원료를 넣어서는 안 된다.

⑧ 용기의 내부 및 패킹부는 청결하게 유지한다.

⑨ 플랜지식의 뚜껑을 닫을 경우 볼트는 대각선상에 있는 것을 한 벌로 해 차례차례, 몇 차례로 나누어 균일하게 조이도록 한다.

⑩ 게이지가 파손되면 유리면의 앞뒤로 파열되는 경우가 많다. 게이지의 앞이나 뒤에 서 있지 말 것. 위험이 예상되는 경우는 유리를 제거하고 이용하는 것이 좋다.

> **사고예** 오토클레이브로 소량씩 반응시키는 것을 비효율적이라고 생각해 내용적의 80% 정도 원료를 이용한 결과, 폭발해 볼트가 뒤틀리고 뚜껑이 구부러져 내용물이 분출, 인화했다. 오토클레이브 내에서 다량의 산소를 이용한 산화 반응을 실시했는데, 격렬한 폭발이 일어나 볼트가 끊어져 뚜껑이 날아갔다.

3.6.2 고압가스

고압가스의 사용은 편리하고 많은 이점이 있어 공업용으로 다량 사용되고 연구용으로도 폭넓게 이용되고 있다. 그러나 고압가스를 잘못 취급하면 큰 재해가 발생하고 최악의 경우에는 사망 사고도 일어난다.

고압가스의 사용은 「고압가스보안법」 등에 의해 규제되고 있다. 법에 규정되어 있는 기준이나 순서를 준수해 고압가스 사고를 미연에 방지하도록 해야 한다. 덧붙여 고압가스에 대해서는 1.3절도 참조하기 바란다.

안전 대책의 제일은 취급하는 가스의 성질을 잘 아는 것이다. 주요 가스의 제 성질은 1장의 표 1.15에 나타냈다. 가스의 제 성질을 이해해야 취급 방법 및 가스 누출 등의 사고가 발생할 때 조치 등을 취할 수 있다. 특히 가연성(폭발 범위, 발화점), 독성(허용 농도)이 있는 고압가스는 신중하게 취급해야 한다.

【고압가스에 관한 일반적인 주의 사항】
① 가연성 가스, 독성 가스 및 산소 가스는 법령에 의해 사용, 폐기 기준이 엄격하게 정해져 있다.
② 가연성 가스가 공기 등의 지연성 가스와 적당한 비율, 이른바 폭발 범위(연소 범위, 표 1.15에는 공기 혼합비 vol%로 표시)에서 혼합되면 발화원에 의해 연소, 폭발을 일으킨다. 폭발의 경우 혼합 가스 조성이 완전연소 조성 부근에 있으면 화재 속도가 빠른 격렬한 폭발이 일어나고 조건에 따라서는 폭풍이 충격파가 되어 강력한 파괴력을 나타낸다.
③ 산소와 같은 지연성 가스가 혼합되지 않아도 단일 가스가 자기 분해 시의 발열에 의해 또는 발화원의 존재에 의해 폭발하는 일도 있다. 이러한 가스를 분해 폭발성 또는 자기 분해성 가스라고 부른다.

분해 폭발성 가스의 대표 예는 아세틸렌으로, 1896년경에 발생한 액화 아세틸렌 봄베의 폭발 사고를 계기로 프랑스에서 연구가 진행됐고 현재 아세틸렌은 아세톤 등으로 용해해서 사용한다. 아세틸렌 외에 에틸렌옥사이드, 에틸렌, 일산화질소도 분해 폭발한다.

④ 독성 가스는 신중하게 취급한다. 독성 가스의 허용량(농도와 노출 시간)이나 생체 조직에 대한 작용을 충분히 숙지해야 한다. 방독 마스크 등의 방호 도구를 준비하고 사용 시에도 유의한다.

또 독성 가스는 신중하게 배출해야 한다. 독성 가스의 상당수는 가연성 가스이기 때문에 환기 장치 등의 전기 계통은 방폭 구조의 것을 이용한다.

⑤ 가스의 비중도 중요한 물성의 하나이다. 가스 사용 중에 가스가 누출되는 일이 있는데, 이때는 방의 환기를 잘 하는 것은 물론 가스와 공기의 비중 차이에 주의를 기울여야 한다. 예를 들어 수소 가스와 같이 매우 가벼운 가스는 천장 등에 체류하거나 계단 위의 방에 흐르지만 염소 가스와 같이 무거운 가스는 하부에 체류, 유동하므로 이 점을 염두에 두고 환기에 신경을 써야 한다.

⑥ 산소 가스 자체는 가연성도 유독도 아니다. 그러나 순산소는 강한 활성으로 산화력이 매우 강해 순산소 상태에서는 거의 모든 것이 발화한다. 유지류나 유기물, 환원성 물질과의 접촉은 매우 위험하다.

⑦ 액체 공기는 공기보다 산소 농도가 높게 조성되는 것이 많기 때문에 주의가 필요하다. 액체 공기를 소비하면 비점이 낮은 질소부터 증발하므로 차츰 산소 농도가 높은 액체 공기가 남게 되어 위험성이 높아진다.

⑧ 인간의 호흡에는 공기 중 산소 농도가 18~75%일 때가 안전하고 산소가 이보다 적거나 많아도 인체에 영향을 준다. 산소 농도가 최소한 16% 이하가 되면 산소 결핍 증상을 일으키므로 안전성을 감안해 산소 농도는 항상 18% 이상이 되도록 해야 한다.

산소 결핍의 특징은 저산소 상태가 되기 시작한 초기 단계에는 자각하기 어렵고 그 후에 질식성 증상이 급격하게 나타나 산소 농도 6% 이하에서는 죽음에 이르는 경우도 있다. 불활성 가스 등을 대량으로 소비할 경우에는 산소 결핍이 일어나지 않게 환기를 충분히 해야 한다. 실험실에 산소 농도계를 설치하는 등 사고 방지책을 강구해야 한다.

⑨ 산소 결핍증으로 쓰러진 사람은 즉시 실외로 데리고 나가 인공호흡을 실시하고 구급차나 의사의 도움을 요청해야 한다. 산소 결핍증이 무서운 이유는 후유증(사

지 마비, 기억 상실, 성격 이상 등)이 남기 때문이며 산소 결핍증으로 쓰러진 사람이 회복할 수 있는 시간은 3분 이내이고, 3~6분 정도까지는 심장이 멈추지 않으면 인공호흡으로 생명을 살릴 수는 있지만 중추신경의 장애가 남는다고 알려져 있다. 산소 결핍자의 응급처치는 신속히 그리고 적절히 실시하지 않으면 안 된다. 주요 가스 취급상의 주의 사항을 표 3.10에 나타냈다.

표 3.10 가스 취급상의 주의 사항

산소	• 산소는 유지류에 접하는 것만으로 산화 발열을 촉진해 연소, 폭발에 이르는 위험성이 있으므로 용기, 기구류에 기름 성분이 묻거나 부근에 가연물을 두지 않게 철저히 주의한다. • 조정기 등은 산소 전용의 것을 이용한다. 압력계는 '금유'라고 표시된 산소용을 이용한다. 접속 부분에 가연성 패킹을 이용하지 않는다. • 산소를 공기와 같다고 생각해선 안 된다. 단열 압축에 의한 발열이 발화 원인이 될 수도 있으므로 밸브류는 신중하게 조작해야 한다. • 기계, 기구, 배관 내에는 대부분 기름 성분이 있으므로 위험하다. 또 산소를 대기 중에 방출하는 경우에는 부근에 화재 등의 위험성이 없는지 확인하고 나서 실시한다. 수소 등의 가연성 가스 봄베와는 격리해 둔다.
수소	• 화기 엄금. 수소를 급격하게 방출하면 화원이 없어도 발화하는 경우가 많다. 수소와 공기 혼합물의 폭발 범위는 수소 : 4.0~75.6vol%로 광범위하다. • 환기가 잘 되는 장소에서 사용하거나 도관으로 실외의 대기 중에 방출하는 등의 배려가 필요하다. 분자량이 작기 때문에 분자의 확산 속도가 빨라 누설 시에는 저농도일 때 신속하게 옥외로 배출시킨다. • 누락 실험은 비눗물 등으로 실시하고 화염 등을 접근해서는 안 된다. • 수소를 사용한 설비는 사용 후에 질소 가스 등의 불활성 가스로 치환해 보관한다. • 산소 봄베와 한꺼번에 저장하지 않는다.
염소	• 염소는 미량이어도 눈, 코, 목을 자극한다. 환기가 잘 되는 방, 드래프트 챔버 등에서 사용한다. • 조정기 등은 전용의 것을 사용하고, 수분이 있으면 부식이 진행되므로 사용할 때마다 수분을 닦아낸다. 그래도 부식이 진행하기 때문에 6개월 이상 병에 담은 채 저장하지 않는다. • 일반적으로 염소 가스 센서보다 인간의 코가 고감도라고 하므로 조금이라도 염소 냄새가 나는 경우에는 누설을 의심해 대처해야 한다.
암모니아	• 암모니아도 눈, 코, 목을 자극한다. • 동상에 걸리지 않도록 유의한다. • 암모니아는 물에 흡수되므로 주수할 수 있는 장소에서 취급하고 저장한다.
아세틸렌	• 화기 엄금. 아세틸렌은 매우 불타기 쉽고 연소 온도가 높아 때로는 분해 폭발 한다.

아세틸렌	• 통풍이 잘 되는 장소에 두되 용기는 사용 중, 저장 중 모두 반드시 세워 보관한다. 누설에 주의. 조정기 출구에서 압력이 0.1MPa 이상이 되지 않게 해 사용한다. 밸브는 1.5회전 이상 열지 않는다. 조정기 등은 전용의 것을 사용한다. • 공기와 혼합했을 때의 폭발 범위는 아세틸렌 : 2.5~100vol%이다.
가연성 가스	• 화기 엄금. 소화 설비를 비치한다. 환기가 잘 되는 방에서 사용하고 화재, 폭발에 대비하고 가스가 누설되지 않는지 반드시 확인한다. • 스파크 등에 의한 인화, 폭발을 막기 위해 전기 설비는 방폭형을 사용하고, 정전기를 제거한다. 가연성 가스의 사용 전후에는 장치 내를 불활성 가스로 치환한다. 가연성 가스와 공기 혼합물의 폭발 범위는 넓기 때문에 충분히 주의한다. • 가스의 공기에 대한 비중을 고려해 환기 등에 신경 쓴다.
독성 가스	• 독성 가스에 대한 충분한 지식을 가지고 취급한다. 방독 마스크를 준비하고 방독 설비나 피난 등의 조치에 대해서도 만전을 기한다. • 환기가 잘 되는 장소에서 사용하고, 가스 체류를 검지하는 조치를 강구한다. • 독성 가스를 대기 중에 방출할 때는 완전하게 무해한 상태로 한다. • 독성 가스에는 봄베의 부식, 녹, 열화를 초래하는 것이 많기 때문에 봄베 관리에 충분히 주의한다. • 독성 가스 봄베의 장기간 저장은 피하고 업자가 처리해야 한다.
불활성 가스	• 불활성이지만 고압이기 때문에 일반적인 주의 사항을 지켜 신중하게 취급한다. • 대량으로 사용할 때는 산소 결핍이 일어나지 않게 실내의 환기에 주의한다. 밀폐된 방에서는 사용하지 않는다.

3.6.3 고압가스 용기(봄베)

고압가스 용기란 강철 제품 용기에 가스를 가압 충전한 것을 말하고 대부분이 고압가스보안법의 규제를 받는다. 고압가스 용기는 과거에 많은 파열 사고 등이 발생한 만큼 취급에는 충분한 주의가 필요하다.

A. 용기의 각인, 도색 및 표시

용기에는 명백하고 지워지지 않게 그림 3.8에 나타내는 사항을 각인해야 한다. 또 충전 가스의 종류에 따라 용기 표면적의 2분의 1 이상에 대해 표 3.11에 따라 도색하고 정해진 색으로 가스의 명칭 및 성질을 명시해야 한다.

가스 사용량이 적을 것으로 예측되는 경우에는 가격 면에서는 비교적 비싸더라도 안전성이나 관리 면을 우선해 작은 용기로 가스를 구입해야 한다.

표 3.11 고압가스 용기의 도색과 문자의 색상

고압가스의 종류	용기의 도색	가스의 명칭을 나타내는 문자의 색상	가스의 성질과 그것을 나타내는 문자의 색상
산소 가스	흑색	백색	
수소 가스	적색	백색	「연」* 백색
액화 탄산 가스	녹색	백색	
액화 암모니아 가스	백색	적색	「연」적색. 「독」* 흑색
액화 염소 가스	황색	백색	「독」흑색
아세틸렌 가스	갈색	백색	「연」백색
가연성 가스	회색	적색	「연」적색
가연성, 독성 가스	회색	적색	「연」적색. 「독」흑색
독성 가스	회색	백색	「독」흑색
기타 가스	회색	백색	

* 연 : 가연성, 독 : 독성

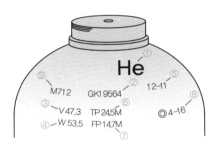

① 충전해야 할 가스의 종류
② 용기의 기호 및 번호
③ 내용량(기호 V, 단위 L)
④ 밸브 및 부속품을 포함하지 않는 질량(기호 W, 단위 kg)
　　아세틸렌용의 경우 : 다공질물, 밸브를 더한 질량(기호 TW, 단위 kg)
⑤ 용기 검사에 합격한 연월(2011년 12월을 나타낸다)
⑥ 내압 시험의 압력(기호 TP, 단위 kg/cm² 혹은 메가파스칼로 단위 M을 붙여 표시)
⑦ 최고 충전 압력(압축 가스에 한정)(기호 FP, 단위는 TP와 같다)
※ 용기 재검사(내압 시험)에 합격한 경우에는
⑧ 재검사 실시자의 명칭 부호 및 재검사 연월(2016년 4월에 재검사)
⑨ 소유자 등록 번호

그림 3.8 봄베의 각인 예

B. 용기 밸브(봄베의 주 밸브)

용기 밸브에는 2종류가 있다. 그림 3.9에 다이어프램식과 스핀들식 용기 밸브를 나타냈다. 가스 충전구의 나사는 일반적으로 가연성 가스는 왼쪽 나사(브로모메틸, 암모니아는 오른쪽 나사), 그 외의 가스는 오른쪽 나사(헬륨은 왼쪽 나사)이다. 또 충전구의 형식에 A형(수컷 나사)과 B형(암컷 나사)이 있다. 산소 가스의 경우는 A형의 오른쪽 나사이다.

스핀들판을 돌리는 핸들은 용기에 따라 첨부되어 있는 것도 있지만 첨부되어 있지 않은 경우는 전용 렌치를 이용해 개폐한다. 펜치나 스패너 등을 이용하는 것은 위험하고 너트를 부수는 일도 있다. 사고가 일어났을 때 밸브를 닫을 수 있도록 전용 렌치는 바로 옆에 두고 실험하면 좋다.

용기 밸브는 천천히 조용하게 열어야 한다. 용기 밸브를 급격하게 열면 가스 출구에 접속되어 있는 감압 조절기 등에 남아 있는 가스가 순간적으로 단열 압축되어 발열해 위험하다(봄베의 내압이 15MPa일 때 900℃까지 상승하는 일이 있다).

또 용기 밸브는 통상 1회전에서 1회전 반 정도 돌리면 되며 열린 상태이면 밸브가 느슨해진 상태로 하는 편이 바람직하다. 용기 밸브를 완전히 열어 견고한 상태가 되면 밸브의 개폐 상황을 알 수 없어 공구를 한층 더 세게 열다가 용기 밸브가 파괴되는 사례가 가끔 보고되고 있다.

또 용기 밸브의 조작 중에 밸브를 위에서 내려다 보거나 몸을 숙여 감압 밸브 등의 압력계 유리 면에 얼굴을 접근해서는 안 된다. 용기 밸브나 압력계가 파손될 경우 위험하다.

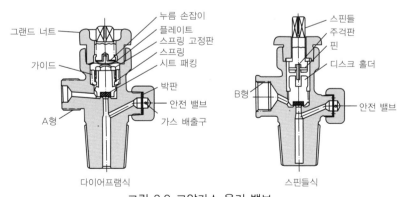

그림 3.9 고압가스 용기 밸브

용기 밸브는 용기의 제일 약한 곳이므로 주의 깊게 취급해야 하며 사용하지 않을 때나 운반 시에는 보호용 캡을 씌운다. 용기 밸브에는 용기의 안전을 위해 안전 밸브를 장착하기도 하는데, 안전 밸브를 가스 출입구의 캡으로 잘못 알아 느슨하게 열어 놓지 않도록 주의한다.

c. 압력 조정기

일반적으로 가스를 사용할 때는 압력 조정기로 필요한 압력으로 감압해 이용한다. 압력 조정기의 일례를 그림 3.10에 나타냈다. 조정기 취급은 형식에 따라서 다르므로 제조사의 취급 설명서에 따라 조작해야 한다.

압력 조정기의 봉투 너트와 용기 밸브의 나사가 맞지 않는 경우는 사용하는 가스의 종류와 압력 조정기가 맞지 않는 것일 수 있으므로 확인해야 한다. 문제가 없는 경우에는 적당한 커넥터를 이용해 양자를 접속한다. 또 압력 조정기의 출구 조인트는 배관의 종류에 따라 적당한 것을 선택해야 한다. 그림 3.11에 커넥터, 조인트의 예를 나타

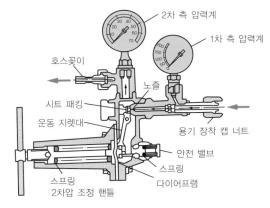

그림 3.10 압력 조정기

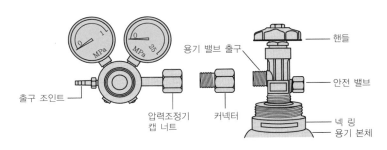

그림 3.11 커넥터, 조인트

냈다.

D. 배관

사용하는 가스의 종류에 대응해 충분한 내식성과 강도를 가진 것을 사용한다. 배관 시행 후에는 반드시 내압, 기밀 시험과 N_2 또는 Ar에 의한 건조도 시험을 실시한다. 부

표 3.12 봄베 취급상의 일반적 주의 사항

확인 사항	• 재검사 기간, 용기의 각인
운반	• 밸브를 점검, 보호용 캡을 반드시 씌운다. • 봄베 운반용 손수레를 사용. 운반 중에는 구르거나 떨어지지 않게 고정한다. • 하역은 신중하게 실시하되, 혼자서 메고 나르지 않는다.
저장	• 가스의 종류 및 미소비와 소비제 용기를 표시로 구별해 저장. 산소와 수소, 가연성 가스를 한 장소에 저장해선 안 된다. • 봄베는 세워 고정한다. 액화 가스, 아세틸렌은 반드시 세워 보관한다. • 산소 및 가연성 가스 봄베 부근에는 자연 발화성이나 인화성이 강한 약품을 두지 않는다. 저장실 내는 화기 엄금. 가스가 새도 체류하지 않게 환기에 주의한다. • 봄베는 항상 40℃ 이하, −15℃ 이상의 곳에 보관한다. 직사광선, 비바람이 닿는 곳, 습기가 많은 곳, 부식성 약품에 가까운 곳 등에는 두지 않는다. 전선, 접지 근처에 두지 않는다. 중량물의 낙하 우려가 없는 장소를 선택한다.
소비	• 봄베가 넘어지거나 이동하지 않게 고정하여 사용한다. • 밸브의 개폐는 주의 깊게 실시하되 무리한 힘으로 열어서는 안 된다. 안전 밸브에는 절대로 손대지 않는다. • 조정기, 도관은 해당 가스 전용의 것을 사용하고 도관의 접속은 반드시 고정 쇠장식을 이용한다. 접속 부분의 가스 누출은 비눗물을 발라 검사해 가스 누출이 없는지 확인한 다음 실험을 실시한다. 밸브에서 가스가 누출될 때는 봄베를 옥외로 꺼내 실내에서의 폭발, 중독을 방지한다. • 봄베에서 봄베로 가스를 옮기는 행위는 절대로 해서는 안 된다. • 봄베를 따뜻하게 할 필요가 있을 때는 40℃ 이하의 온탕, 뜨거운 습포 등을 이용하고 결코 직화 등을 이용해서는 안 된다. • 가스의 사용을 일시 중지할 때는 조정기의 조작만으로는 불완전하다. 반드시 주밸브를 닫고 실험 장치와 조정기의 접속을 차단해 둔다. • 사용 후에는 밸브를 완전히 닫고 캡을 씌운다.
기타	• 가스를 다 사용해 용기를 반납 또는 다시 채워 넣을 때는 반드시 밸브를 닫아 가스가 약간 남은 상태로 업자에게 건넨다. 가스를 완전하게 소비하면 재충전 시에 공기가 혼입될 우려가 있다. • 장시간 방치하여 용기 검사를 받지 않은 봄베 또는 용기 검사에 불합격한 봄베를 폐기하는 경우는 마음대로 폐기해서는 안 되고 반드시 고압가스 취급업자에게 처분을 의뢰한다.

식성 가스의 배관에 수분이 잔류하면 가스의 부식이 가속하므로 특히 주의해야 한다. 배관 설치가 복잡할 때는 전문가의 지도를 받거나 신뢰할 수 있는 전문업자에게 위탁하는 것이 좋다.

E. 고압가스 용기 사용 과정에서의 주의 사항

고압가스 사용과 관련해서는 운반, 저장, 소비, 반환 등 일련의 과정에서 보안이 확보되지 않으면 안 된다. 이와 관련해 일반적인 주의 사항을 표 3.12에 정리했다.

> **! 사고 예**
> ◆ 운반 중에 염소 봄베가 전도해 커넥터가 파손, 가스가 새 실내의 금속 장치가 녹슬었다.
> ◆ 6개월 이상 방치되어 있던 염소 봄베를 사용했는데 가스 누출 사고가 발생했다.
> ◆ 수소 가스와 공기 또는 산소의 혼합에 의한 폭발 사고는 다수 발생하고 있다.
> ◆ LP 가스의 누설을 눈치채지 못하고 실험했는데, 바닥 아래의 환기통을 통해 옆 방으로 가스가 새 그 방의 화원으로 인화, 폭발했다. 아르곤 봄베가 제대로 고정되어 있지 않아 넘어져 조인트가 접혀 분출 가스의 반동으로 봄베가 바닥을 돌아다녔다.

3.6.4 특수한 성질이 있는 가스(특수 재료 가스)

반도체 공업, 파인 세라믹스 공업 등의 첨단 기술 산업에서는 특수한 가스가 많이 이용되고 있다. 이러한 가스는 특수한 성질(가연성, 자연성, 자기 분해성, 산화 또는 환원성, 부식성, 독성 등)이 있어 보안상 특히 주의가 필요한 것이 많다. 1985년에 고압가스보안협회가 「특수 고압가스 재해 방지 자주 기준」을 정했을 때에는 연소성·독성과 같은 위험성이 비교적 크다고 생각되는 39물질을 「특수 재료 가스」로 리스트업했다(1장, 표 1.15 참조).

그 후 법령에 의한 규제가 강화되었기 때문에 자주 기준은 폐지되고 「특수 재료 가스」라는 호칭도 폐지되었지만 가스가 가지는 위험성은 변함 없기 때문에 지금도 널리 「특수 재료 가스」라고 불리고 있어 특별한 주의가 필요하다.

모노실란, 포스핀, 아르신, 디보란, 셀렌화수소, 모노게르만, 디실란의 7종은 고압가스보안법의 「특수 고압가스」로 지정되어 있어 사용량의 대소에 관계 없이 신고해야 한다. 또한 사용 시에는 특정 고압가스 취급 주임자를 선임해야 한다.

오불화비소, 오불화인, 삼불화질소, 삼불화붕소, 삼불화인, 사불화황, 사불화규소(고압가스보안법에서는 「오불화비소 등」이라고 부른다)는 특정 고압가스 7종과 함께 고압가스보안법에서 일반 규제에 추가해 누설 방지 등을 강화하는 규제를 받고 있다.

특수 재료 가스에는 고압가스보안법 이외에 노동안전위생법, 독물 및 극물 단속법, 소방법 등의 규제를 받는 것도 있으므로 이 점도 충분히 숙지한 후에 사용해야 한다.

A. 가스의 특징

특수 재료 가스는 법령 등의 기준에 따라 취급해야 하는 것은 물론 보다 안전하게 취급하려면 가스의 특성을 제대로 이해해야 한다.

① 위험성이 높은 가스는 주로 13, 14, 15, 16족 원소의 수소화물, 할로겐화물이다.

② 수소화물은 모두 가연성이다. 게다가 폭발 범위가 1%에서 100% 근처까지 매우 넓고 최소 발화 에너지가 작아 연소열이 크기 때문에 폭발 위험성이 크다.

③ 할로겐화물은 불연성이지만 대부분은 물과 용이하게 반응해 할로겐화수소를 발생하여 부식성을 나타낸다. 취급할 때는 장치 재료 등의 선택이 중요하다.

④ 수소할로겐화물은 수소화물과 할로겐화물 양자의 특징을 가진다.

⑤ 금속 알킬화물은 가연성으로 실온에서 자연 발화한다.

이상의 가스 대부분은 강한 독성을 갖고 있으므로 이 점을 염두에 두고 취급해야 한다.

B. 연소 · 폭발

특수 재료 가스에는 가연성 가스가 많다. 연소 · 폭발 위험성이 큰 것을 아래의 표 3.13에 나타냈다.

표 3.13 연소 · 폭발 위험성이 큰 가스

자연 발화성 가스	모노실란, 디실란, 포스핀, 트리메틸갈륨, 트리에틸갈륨, 트리메틸인듐, 트리에틸인듐
분해 폭발성 가스	모노게르만, 텔루르화수소, 스티빈, 수소화주석, 디보란

화재, 폭발을 방지하려면 지연성 가스는 물론 충분한 에너지의 발화원이 존재하지 않아야 한다. 그러나 지연성 가스가 존재하지 않아도 발화원이 있으면 폭발이 일어나는 분해 폭발성 가스가 있고 또 모노실란과 같이 상온에서 지연성 가스와 혼합하면 발화원이 없어도 발화하는 저온 발화성의 가연성 가스도 있으므로 화재, 폭발 위험성은 크다.

이러한 분해 폭발에 대해서는 불명확한 점이 많지만 다음의 주의가 필요하다.

① 가능한 한 저압에서 사용한다.

② 많은 양을 취급하지 않는다.

③ 충분한 내압 용기를 사용한다.

④ 용기의 L/D(길이에 대한 지름의 비)를 가능한 한 작게 해 폭굉을 방지한다.

⑤ 배관에는 화재 전파 방지기를 설치해 만약 분해 폭발이 일어나도 피해 범위가 확대되는 것을 방지하는 등의 대책이 필요하다.

C. 독성

앞서 말한 바와 같이 특수 재료 가스는 반응성이 강한 것이 이용되고 있다. 반응성이 강하다는 것은 생체 조직에도 적용되는 것으로 강한 생체 작용을 미치는 것도 있다. 또 가수분해 등에 의해 유해 작용을 발휘하는 일도 있다.

또 공업용으로 이용한 지 얼마 안 되는 것도 있어 독성 지표가 발표되지 않은 것이 많다. 사용 시에는 가능한 한 가스 누출, 피폭 등이 일어나지 않게 세심한 주위를 기울여 취급해야 한다.

D. 부식성

특히 반응성이 강한 특수 재료 가스를 사용할 때는 가스의 성질과 상태, 사용 환경 (건습, 고저온 등)에 의한 부식성에도 주의를 기울여야 한다. 재료 선정에는 필요 이상의 부식성이나 표면 처리를 고려해야 한다.

> **사고예** ◆ CVD 장치의 성능을 시험하기 위해 실란 가스 봄베를 접속하여 밸브를 열었는데 배기계 배관의 플랜지로부터 분출되어 화재가 발생했다(배기계의 연결 밸브가 잘못 열려 있었는지 공급계의 고압을 저압의 배기계에 가했기 때문에 가스가 새 발화했다).
> ◆ 수입 가스 봄베를 사업장으로 운송해 수송 트럭에서 내리려고 할 때 갑자기 폭발했다(봄베의 노후에 의한 가스 누출이 의심되었다).

3.7 고온·저온 장치

화학 실험에는 고온 및 저온 장치가 이용될 기회가 많을 뿐만 아니라 고압, 저압 등 가혹한 조건이 조합되는 경우도 많다. 이런 경우 잘못 취급하면 화상, 동상, 화재, 폭발 등의 위험도 수반하므로 신중한 주의가 필요하다.

3.7.1 고온 장치

A. 일반적인 주의

① 고온에 대한 인체의 보호에 유의한다.

② 고온 장치의 취급법을 꼼꼼히 숙지해 주의하면서 조작한다.

③ 고온 장치를 이용하는 실험은 방화 건축 내 또는 방화 설비를 갖춘 실내에서 실시한다. 또 실내 환기를 양호하게 한다.

④ 실험의 성질에 가장 적합한 소화 설비(예를 들어 분말, 강화액, 탄산가스 소화기 등)를 비치한다.

⑤ 고온 노 등의 고온 장치를 실험대에 설치할 때는 내화제를 사용하거나 실험대 사이에 공극을 만들어 발화 위험을 방지한다.

⑥ 사용 온도에 따라 적당한 용기 재료, 내화 재료를 선택한다. 다만, 이때 사용 분위기, 접촉 물질도 고려해 선정한다.

⑦ 고온 실험에 물은 금물이다. 고온 물체에 물이 혼입되면 물은 급격하게 기화해 수증기 폭발을 일으킨다. 고온 물체가 수중에 낙하했을 때도 폭발적으로 다량의 수증기가 발생한다.

B. 인체의 보호

① 고온 장치를 취급할 때는 항상 의복에 불이 옮겨 붙는 위험을 예상해 쉽게 벗어 던질 수 있는 복장을 선택한다.

② 장갑은 마른 것을 사용한다. 장갑이 물에 젖어 있으면 열전도성이 커 장갑의 수분이 수증기가 되어 손에 화상을 입을 위험이 있다. 습기를 빨아들이기 어려운 재질의 장갑이 좋다.

③ 백열체, 화염 등을 오랫동안 응시할 필요가 있는 경우에는 보호 안경을 착용한다. 색이 진한 안경보다 녹색계의 시야가 밝은 안경이 좋다.

④ 플라즈마 제트 불꽃, 아세틸렌 불꽃과 같이 강한 자외선을 발하는 열원에 대해서는 방호면 등을 이용해 눈 외에 피부 보호도 고려한다.

⑤ 용해 금속, 용해염 등의 고온 유체를 취급하는 경우에는 구두 등에도 유의한다.

C. 전기로

① 전선, 배전반, 스위치 등 전기 설비에 대한 안전 대책을 충분히 고려해 앞에서 설명한 전기 장치 취급상의 주의 사항을 준수한다.

② 내화 재료 중에는 고온에서 도전성을 띠는 것도 있으므로 금속봉 등이 노재에 접해 감전하지 않게 유의한다.

D. 연소로

① 연소로의 착화는 연료를 먼저 분출시켜 점화한 다음 공기, 산소 등을 송입한다. 착화 순서가 틀리면 폭발할 수 있다.

② 산소를 봄베로부터 공급할 때는 앞에서 언급한 바와 같이 배관계에 기름 성분 등의 가연성 물질이 존재하지 않게 주의한다.

③ 국부 과열이 일어나지 않게 노의 구조에 유의한다.

E. 건조기

① 전기 설비는 전기로와 같은 사항을 주의한다.

② 타이머로 일정 시간 경과 후에는 정지시킨다.

③ 폭발 방산구, 폐기 덕트에 손상 등이 없는지 확인한다.

④ 위험물 등을 건조시킬 때는 사용하는 위험물에 적합한 방폭 사양의 기기를 이용한다.

> **! 삼 예** ◆ 분석을 위해 석출물을 메탄올로 세정한 후 여과지와 함께 건조기에 넣었는데, 건조기 내부에서 메탄올이 기화해 충만했기 때문에 갑자기 폭발했다.

3.7.2 저온 장치, 한제

저온 실험에서는 저온을 얻는 수단으로 냉동기를 이용하는 경우와 적당한 한제를 사용하는 경우가 있지만 실험실에서는 후자의 방법이 간편하기 때문에 자주 이용된다. 얼음이나 식염, 염화칼슘을 혼합하는 한제는 대개 $-20℃$ 정도에서 큰 위험은 없지만 $-70 \sim -80℃$의 드라이아이스 한제 또는 $-180 \sim -200℃$의 저온 액화 가스를 이용하는 경우는 상당한 위험성을 수반하므로 주의해 취급해야 한다. 자주 이용되는 저온 액체(액화 가스) 및 물리적 성질을 표 3.14에 나타냈다.

표 3.14 상용 저온 액체의 물리적 성질

	비점(K)	증발열 (kJ/L)	액체 밀도 (kg/L)	기체와 액체의 체적비	삼중점		도달 하한 (K)
					(K)	(기압)	
CO_2(고체)	194.7(승화)	236.2	1.56	790			
O_2	90.19	300	1.14	875	54.36	0.0015	~50
N_2	77.35	161.3	0.81	710	63.15	0.127	~50
H_2	20.40	31.6	0.07	780	13.96	0.071	~10
He	4.22	3.1	0.125	780			~1

A. 냉동기

① 냉동 설비는 원칙적으로 「고압가스보안법」의 적용을 받는다. 대형 설비는 냉동 기계 책임자 면허를 소유한 사람을 냉동 보안 책임자로 선임하지 않으면 취급할 수 없다.

② 소형은 면허 소유자를 선임할 필요는 없지만 법령의 적용은 받고 있으므로 법령 등에서 정하는 기준 등에 따라 취급하지 않으면 안 된다.

③ 냉동기는 상당한 고압으로 작동하므로 신용 있는 제조사의 제품을 구입한다.

④ 냉동기에는 암모니아, 프레온, 메탄, 에탄, 에틸렌 등의 가연성 냉매가 이용되는 일이 있다. 각 냉매에 맞는 취급을 해야 한다.

B. 드라이아이스 한제

드라이아이스에 여러 가지 물질을 혼합하면 $-60 \sim -80℃$의 저온을 얻을 수 있지만 혼합하는 물질의 대부분은 아세톤, 알코올 등의 유기 용매이므로 인화에 대한 안전 대책이나 유해 증기를 들이마시지 않도록 대책이 요구된다. 또 부주의해서 드라이아이스 한제로 냉각한 용기에 맨손이 닿으면 피부가 용기에 부착해 떨어지지 않아 동상을 일으킬 수 있으므로 주의해야 한다.

c. 저온 액화 가스

저온 액화 가스는 극저온, 초고진공을 얻기 위해 실험실에서도 잘 사용되지만 표 3.15에 나타낸 위험성이 있으므로 취급에는 숙련과 세심한 주의가 필요하다.

표 3.15 저온 액화 가스의 위험성

액화 상태	극저온이기 때문에 동상을 일으키고 심한 경우는 괴저된다. 또 재료는 저온 취성 등에 의해 파괴되기 쉬워 2차 재해의 원인이 된다. 액체 수소-고체 산소, 액체 산소, 유지류 또는 탄화수소 연료 등은 화약과 마찬가지로 격렬한 폭발 반응을 일으킨다(응상 폭발).
기화 상태	액화 가스는 기화하면 800~900배의 체적이 되어 공기를 치환한다. 과잉 열에 의해 폭발적으로 기화한다(증기 폭발). CO는 맹독, CO_2는 호흡 기능에 영향을 주고 수소, 불활성 가스는 단순 질식제, F_2, O_3는 독성, 부식성이 강하다. 가연성 액화 가스의 경우는 화재, 폭발 위험이 크다.

【저온 액화 가스에 관한 일반적인 주의 사항】

① 액화 가스 및 이를 사용하는 장치를 취급할 때는 숙련이 필요하고 2명 이상이 실험을 수행해야 한다. 초보자는 반드시 경험자의 지도하에 함께 실시한다.

② 액화 가스가 직접 피부, 눈, 손, 발 등에 닿지 않게 반드시 보호복, 방독 마스크, 보호 안경, 보호 장갑 등을 착용한다. 목장갑 등 액체를 흡입하기 쉬운 것은 사용해선 안 된다.

③ 액화 가스를 취급하는 실험실은 환기를 자주 하고 실험 부속품은 고정해 둔다.

④ 액화 가스 용기는 햇빛이 직접 닿지 않는 통풍이 잘 되는 장소에 둔다.

⑤ 액화 가스 용기는 조용하고 신중하게 취급한다.

⑥ 액화 가스를 밀폐 용기에 넣어서는 안 된다. 반드시 기화 가스의 도피로를 만들어 유리면 등으로 마개를 해 폭발과 인화 위험을 방지한다.

⑦ 한제 용기, 특히 유리 보온병은 새로운 것일수록 쉽게 갈라지기 때문에 주의한다. 얼굴을 용기 바로 위에 접근하지 않는다.

⑧ 액화 가스가 피부에 묻으면 곧바로 물로 씻어낸다. 또 의복에 스며들었을 때는 동상에 걸릴 수 있으므로 즉시 의복을 벗는다.

⑨ 동상이 심할 때는 전문의에게 보인다. 또 4장(p.138)도 참조하기 바란다.

⑩ 실험자가 질식하면 곧바로 신선한 공기가 있는 곳으로 옮겨 인공호흡을 실시하고 의사를 부른다.

⑪ 사고에 의해 다량의 액화 가스가 기화했을 때는 상당하는 고압가스의 경우와 같은 조치를 취한다.

⑫ 금속은 저온에서 취약하므로 저온부에 이용하는 재료의 특성을 충분히 이해해야 한다. 강철은 저온에 닿는 곳에 이용하면 위험하다. 구리, 알루미늄, 스테인리스강이나 테플론, 나일론 등의 비금속은 사용할 수 있다.

특히 중요한 저온 액화 가스를 3.7.3항에서 자세하게 설명한다.

3.7.3 각종 저온 액화 가스의 취급

수소, 헬륨, 질소의 저온 액화 가스 취급상의 주의점을 간단히 살펴본다. 모두 각 대학, 연구소의 관리 체제하에 정해진 규정에 따라 사용한다. 일반적으로 액체 수소, 액체 헬륨은 관리 책임자의 관리, 지도하에 취급해야 한다.

A. 액체 수소

수소 에너지 사회 실현을 목표로 에너지원으로서 활발하게 기초 연구나 응용 연구가 진행되고 있는 액체 수소는 한제로서 이용되는 일도 있다.

비점은 20K로 액화 헬륨에 비하면 16K 정도 높지만 증발 잠열이 1자릿수 크기 때문에 한제로서 우수하다. 그러나 기화해 수소 가스가 되면 공기보다 14배나 가벼워 확산

속도도 빠르기 때문에 증발한 누락 가스는 천장에 모인다. 수소 가스는 폭발 범위가 넓어(공기 중에서 4.0~74.2%) 폭발 위험성이 높다. 방의 환기를 자주 하고 화기를 엄금해야 한다. 가스 누출 경보기, 소화 설비도 설치한다.

B. 액체 헬륨

액체 헬륨은 화학적으로 불활성이어서 안전할 뿐만 아니라 현존하는 한제 중에서 가장 비점이 낮다(4.2K)는 특징이 있다. 액체 헬륨은 매우 고가여서 다른 액화 가스와는 달리 한제로 이용한 후 증발한 가스를 회수해 몇 번이고 반복해 이용하는 연구기관이 많다. 회수 가스를 고순도로 유지해 회수율을 높이도록 이용자도 협력해야 한다.

C. 액체 질소

액체 질소의 비점은 77.35K로 매우 많이 이용되는 저온 액화 가스이다. 취급 시 주의해야 할 위험성은 다음 2가지이다.

- 인체에 대한 영향 : 저온에 의한 동상 및 기화한 질소 가스가 농후해졌을 때 산소 결핍을 유발한다.
- 재료에 대한 영향 : 일반적으로 금속은 저온에서 취약해진다. 특히 자주 사용되는 강철은 저온에 접촉하는 부분에 사용해서는 안 된다. 저온 취성을 일으키지 않는 구리, 알루미늄 합금, 스테인리스강 등의 금속 재료 또는 테플론, 나일론, 베이크라이트 등의 비금속 재료는 사용할 수 있다.

액체 질소 취급상의 주의 사항은 앞에서 설명한 저온 액화 가스 취급 주의 사항과 같지만 액체 질소 취급상 고유의 주의 사항은 다음과 같다.

【액체 질소 취급상의 주의 사항】

① 액체 질소를 옥내에서 사용할 때는 환기에 주의한다. 질소에는 독성은 없지만 기화한 질소의 농도가 높아지면 산소 결핍에 의한 질식 우려가 있다.

② 액체 질소 취급 시에는 전용 가죽 장갑을 이용한다. 목장갑과 같은 액체를 흡수하는 소재로 만들어진 장갑은 사용해선 안 된다. 액체 질소나 저온 금속 부분 등에 직접 손이나 피부가 닿아선 안 된다.

③ 액체 질소를 취급하는 기기나 배관에 처음으로 액체 질소를 주입할 때는 서서히 주입하면서 미리 냉각한다.

④ 냉각에 의한 기기나 배관의 수축 정도를 고려한다.

⑤ 단열되지 않은 부분은 서리가 생기므로 정도를 보고 상황을 판단한다.

【용기(저장 듀어병) 취급】

① 용기는 가능한 한 금속제의 액체 질소 전용 제품(그림 3.12)을 이용한다. 유리 듀어병은 파손 우려가 있다.

② 개방형 용기의 경우는 반드시 부속 캡을 한다. 밀폐형 용기는 승압 밸브, 액 취출 밸브를 닫고 가스 방출 밸브를 열어 둔다.

③ 저장 탱크에서 용기로 액체 질소를 옮길 때는 수도꼭지 밸브를 서서히 열되, 밸브를 열면 액체 질소는 고압 저온 가스가 되어 격렬하게 분출하므로 처음에는 아주 조금 밸브를 열고 이때 나오는 저온 가스로 용기 내를 충분히 냉각한 후 밸브를 서서히 크게 열어 적당량의 액체 질소를 꺼낸다. 작업 후에는 밸브를 확실히 닫는다.

④ 액체 질소 저장 용기는 구조상 경부가 가장 약하기 때문에 옆으로 넘어뜨리지 않도록 조심해야 한다. 또 충격에 약하기 때문에 조심스럽게 다룬다. 실험실 등에서 일반적으로 자주 사용되는 저장 듀워병을 그림 3.12에 나타냈다.

⑤ 용기는 수평인 곳에 두고 열원의 근처를 피한다.

⑥ 용기의 증발 손실은 5L 용량은 8%/일, 100L 용량은 3%/일이 표준이다. 이보다 증발 손실이 크다면 대부분은 듀어병의 진공도 저하에 의한 것이라고 봐도 좋다. 듀어병의 진공도를 높일 필요가 있다.

⑦ 순수한 액체 질소는 공기 중의 산소를 급속히 흡수하므로 그림 3.13과 같이 조성이 변동해 비점은 순질소의 77.33K에서 순산소의 90.16K까지 연속적으로 상승

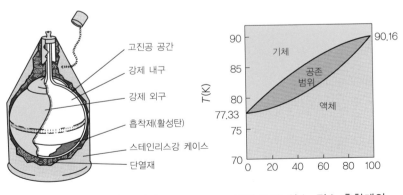

그림 3.12 액체 질소 저장 듀어병

그림 3.13 산소-질소 혼합계의
기·액상 평형

한다. 따라서 용기의 출구에 역류 방지 밸브를 장착하고 버블러에 연결해 산소의 용존을 피한다.

⑧ 용기에 이물질 등의 유입을 방지하기 위해 잔류가스를 유지해 둔다.

⑨ 용기가 파손하면 위쪽으로 액체 질소가 날아오르므로 액체를 흡수하는 목장갑 등을 사용해선 안 된다. 또 의류에 액체가 깊이 스며들었을 때는 동상에 걸릴 우려가 높기 때문에 즉시 의복을 벗는다.

⑩ 충전 용기와 잔류가스 용기를 구별해 둔다.

! 사 고 예	◆ 듀어병에 액체 질소를 따르는 순간 듀어병이 파열했다. ◆ 발포 스티롤 상자에 액체 질소를 넣어 두었는데, 공기 중의 산소가 액화·유입되어 액체 질소와 혼합물이 됐다.

3.8 유리 기구

유리 기구에 의한 사고는 많이 발생하며 대부분은 절상과 화상이다. 사고를 막으려면 유리의 성질(표 3.17)을 잘 알아 두어야 한다.

표 3.17 유리의 성질

경도	경도는 6~7이지만 쉽게 깨지고 깨진 단면은 조개껍질처럼 예리하여 위험하다.
강도	압축력에는 강하지만(압축 강도 900MPa) 견인력에는 약하다(40~60MPa). 조금 흠집이 생기면 쉽게 꺾인다.
내열성	열전도도가 나빠 부분적인 온도차를 가하면 쉽게 갈라진다. 두꺼운 유리에 열을 가해서는 안 된다.
내구성	장기 보존한 유리는 알칼리분이 없어져 가열하면 투명감이 없고 쉽게 깨진다.

【유리 기구 취급 시 주의 사항】

① 유리 기구는 사용하기 전에 잘 점검해 흠집이 있는 것은 사용을 피한다. 특히 감압, 가압, 가열하는 것에 대해서는 꼼꼼하게 검사할 필요가 있다.

② 비커, 플라스크, 시험관 등은 얇고 기계적 강도가 낮기 때문에 가열할 때는 취급에 주의가 필요하다.

③ 흡인병, 세척병 등 두꺼운 용기는 급격히 열을 가하면 파손한다.

④ 고무마개나 코르크마개에 유리관이나 온도계 등을 찔러 넣을 때 부러져 파손하는 것이 많다. 관에 물 또는 알코올이나 글리세린을 바르고 오른손으로 마개를 잡고 돌리면서 왼손의 관에 조금씩 밀어 넣는다. 이때 오른손의 엄지와 왼손의 엄지 사이가 5cm 이상 떨어져선 안 된다. 또 수건으로 손을 보호하면 안전하다. 고무마개 등에 구멍을 뚫을 때는 관경보다 작은 구멍을 뚫어 둥근 줄로 내면을 넓혀 적당한 크기로 한다.

⑤ 유리 세공 시에 가연성 기체가 들어 있는 용기를 가열하다가 폭발하면 대형 사고가 일어나므로 기체를 충분히 빼준다. 또 가열된 유리는 눈으로 보면 알 수 없기 때문에 만지다가 화상을 입는 경우가 많다.

⑥ 봉관, 마개를 개봉할 때는 내압이 걸려 있으므로 분출하거나 폭발해 내액을 뒤집어 쓰기도 한다.

표 3.18 유리 기구 취급상의 주의 사항

유리관	내벽에 상처가 있는 것은 유리 세공 중에 갈라진다(외부가 가열되어 내부가 당겨지기 때문에).
비커, 플라스크	고형물을 넣을 때는 낙하 충격으로 바닥이 깨지지 않게 용기를 기울여 고형물을 미끄러뜨리듯이 넣는다.
삼각 플라스크	평평한 부분이 있는 얇은 용기는 절대로 감압해선 안 된다. 파열할 위험성이 매우 높다.
듀어병	작은 흠집에도 폭발적으로 파손할 수 있으므로 병 안에 맨손을 넣거나 얼굴을 가까이 해서는 안 된다.
앰플	개봉할 때는 잘 냉각한 후 걸레 등으로 확실히 감고 나서 입을 전방으로 향해 줄질한다.
시약병	암모니아수 등 기체를 용해한 용액이 들어간 것은 냉각 후 걸레로 마개를 덮고 나서 뺀다.

!
사
고
예

◆ 고무마개에 유리관을 찔러 넣을 때, 유리관에 고무관을 넣어 연결할 때 및 시험관 등에 고무마개를 할 때 무리해서 부상을 입는 사고가 많이 일어난다.
◆ 삼각 플라스크를 흡인병으로 사용하다가 파열해 경상을 입었다.

정전기 대책

정전기 대전에 의한 사고로는 폭발과 화재, 전격이 있다. 전격은 인체에 대해 직접적인 위험은 없지만 전격에 의한 쇼크로 2차적인 사고를 유발할 우려가 있다(표 3.19).

표 3.19 인체 대전과 전격 강도의 관계

인체의 대전 전압(kV)	전격의 강도
1.0	전혀 느끼지 않는다.
2.0	손가락의 바깥쪽에 느끼지만 아프지 않다.
2.5	바늘로 건드린 정도의 느낌이지만 아프지 않다.
3.0	바늘로 찔린 느낌을 받아 따끔하고 아프다.
4.0	바늘로 깊게 찔린 느낌을 받아 손가락이 뻐근하게 아프다.
5.0	손바닥에서 팔뚝까지 아프다.
6.0	손가락이 심한 통증을 느낀 후 팔이 무겁게 느껴진다.
7.0	손가락, 손바닥에 강한 아픔과 저린 느낌을 받는다.
8.0	손바닥에서 팔뚝까지 저린 느낌을 받는다.
9.0	손목이 강하게 아프고 저린 중량감을 받는다.
10.0	손 전체에 아픔과 전기가 흐르는 느낌을 받는다.
11.0	손가락이 심하게 저리고 손 전체에 강한 전격을 느낀다.
12.0	손 전체가 세게 맞는 느낌을 받는다.

※노동안전위생종합연구소 기술 지침 「정전기 안전 지침」(2007)에서 발췌

공장에서는 정전기 대전이 원인인 재해나 사고에 대한 안전이 중요하다. 실험실과 같이 위험물 취급이 소규모, 소량인 곳은 크게 문제 되지 않지만 예비지식 또는 중규모 실험 시의 참고 사항으로 정전기 대책에 대해 살펴본다.

3.9.1 정전기 발생 구조

동종 또는 이종의 물질이 기계적인 접촉을 하면 계면에 전하 이동이 일어나고 두 물질을 분리시키면 전하가 분리되어 등량이나 다른 부호의 과잉 전하가 발생한다. 이러한 대전 현상은 액체나 분체를 용기 벽면을 따라 흘리거나 기름 중에서 물방울이 침강 혹은 기포가 부상할 경우에도 나타난다. 기타 절연된 도체에 대전물이 접근했을 때 도체 표면에 유도 전하에 의한 대전이 일어난다.

대전의 크기는 온도, 습도, 물질 중 불순물 등의 영향을 받지만 주로 물질의 도전율 (S/m) 또는 체적 저항률(Ω·m; 도전율의 역수)이나 표면 저항률(Ω)과 전하의 분자 속도에 따라 정해진다. 접촉하고 있는 두 물질 가운데 한 물질의 도전율이 작을 때는 위험한 대전(가연성, 폭발성 분위기에서 방전했을 때 발화 능력이 있는 정전 대전)이 생긴다. 액체 및 고체의 경우 위험한 대전을 일으킬지 어떨지는 전도도 또는 저항률에 따라 판단된다.

• 액체	도전율	$>10^{-8}$ S/m	안전
	도전율	$<10^{-10}$ S/m	위험
• 고체	체적저항률	$<10^{8}$ S/m	안전
	체적저항률	$>10^{10}$ S/m	위험
	표면저항률	$<10^{9}Ω$	안전
	표면저항률	$>10^{11}Ω$	위험

분무, 분쇄, 가루 유체와 같은 무수한 분리 현상을 일으키는 경우에는 공기층이 절연체가 되기 때문에 그 물질의 전도도나 저항률과는 관계 없이 위험한 대전을 일으키는 것이 많다. 물질이 대전하면 비록 전하량이 적어도 그 물질의 전위는 수천, 수만 볼트의 고전위가 될 수 있다. 이와 같이 고전위가 되면 물질에 비축되어 있던 전하가 빛이나 열 또는 소리의 발생을 수반해 방전한다.

3.9.2 최소 발화 에너지

방전에 의해 방출되는 에너지 W는

$$W = \frac{1}{2}C \cdot V^2 = \frac{1}{2}Q \cdot V = \frac{1}{2} \cdot \frac{Q^2}{C}$$

(C : 정전 용량, V : 전위, Q : 전하($Q = C \cdot V$))

이고, 이 에너지의 계산값을 가연성 물질의 최소 발화 에너지 값과 비교해 발화 위험 여부를 추정할 수 있다.

최소 발화 에너지는 가연성 가스, 증기 및 분진의 폭발에 관한 위험성을 나타내는 수치로서 중요하다(표 3.20 참조). 가연성 가스, 증기의 최소 발화 에너지는 1mJ 정도

이하인 반면 분진은 입도, 습도에 따라 다르지만 대략 10mJ 이상이다.

도체상의 자유 전하는 이동성이 있으므로 1회의 방전으로 전체 전하를 방출하지만 절연체의 표면 전하는 비교적 이동하기 어렵기 때문에 한정된 면적 범위만의 전하를 잃는다.

발화할 수 있는 방전은 도체와 대전하고 있는 물질 사이의 방전에 한정된다.

인체가 (고무, 플라스틱 신발 바닥, 절연성 바닥재 등에 의해) 절연된 상태로 행동하면 의복 등의 접촉, 마찰에 의한 대전에 의해 또한 대전체에의 접근, 접촉에 의해 유도 대전한다. 이러한 경우 인체의 대전이 매우 높아질 가능성이 있다. 예를 들어 인체가 3000~4000V로 대전하면 접지물에 가까워졌을 때 방전하여 전격을 받는다. 때로는 불꽃 방전을 일으켜 가연성 가스 등에 발화해 사고가 일어난다.

인체의 대전 전위 V=4000V, 인체의 정전 용량 C=100pF라고 하면 인체에 축적되어 있는 정전 에너지 W=1/2 · CV^2=0.8mJ이 된다.

이 값은 저급 탄화수소의 최소 발화 에너지보다 1자릿수 크고 인체가 아주 작은 전격을 느끼는 정도의 대전량으로도 불꽃 방전에 의해 가연성 가스 등을 발화시킬 위험이 있는 것을 나타낸다.

표 3.20 가연성 가스와 증기 및 분진의 최소 발화 에너지(대기압, 20℃)

((a) 공기와의 혼합 기체)

물 질	최소 착화 에너지 (mJ)
아세틸렌	0.019
아세톤	1.15
에탄	0.25
에틸렌	0.07
에틸렌옥사이드	0.065
에테르(디에틸에테르)	0.19
시클로헥산	0.22
시클로펜타디엔	0.67
수소	0.019
이황화탄소	0.009
부탄	0.25
프로판	0.25
헥산	0.24
헵탄	0.24
벤젠	0.20
메탄	0.28

((b) 분체/공기 혼합물)

물 질	최소 착화 에너지 (mJ)
알루미늄	10.0
에폭시 수지	15.0
목분(충진물)	20.0
석탄	30.0
마그네슘	40.0
나일론	20.0
페놀수지	15.0
무수프탈산	15.0
폴리에틸렌	10.0
폴리프로필렌	25.0
폴리우레탄 폼	15.0
유황	15

3.9.3 정전기 대전에 대한 안전 대책

A. 접지(어스)에 의한 대전 제거

누설 저항(물질에 설치된 전극과 대지 사이에서 측정된 저항)이 $10^6\Omega$ 이하인 물질은 정전기적으로 접지(어스)된 상태에 있다고 한다. 따라서 누설 저항이 $10^6\Omega$ 이상인 물질(장치, 설비 등)은 접지한다. 접지에는 도선을 이용하고 접지 저항이 100Ω 이하가 되도록 한다. 접지에 의해 확실히 전하를 놓칠 수 있는 것은 물질이 도체인 경우이며, 절연체의 경우에는 완전하게 전하를 제거하는 것은 불가능하다.

덧붙여 바닥의 누설 저항은 충분히 작을 필요가 있다. 누설 저항이 $10^6\Omega$ 이하인 바닥은 도전성으로 간주할 수 있다(표 3.21).

표 3.21 바닥 피복물의 저항

물질	누설 저항(Ω)
PVC 바닥 및 통로	$10^9\sim10^{11}$
도전성 PVC(특수 가공)	$10^4\sim10^5$
리놀륨	$10^8\sim10^{12}$
모르타르	$10^8\sim10^9$
일반 콘크리트(3cm 두께)	10^7
아스팔트	10^{12}

※ Physikalisch-Technischen Bundesan-stalt
(Institut Berlin)가 부여한 값으로부터

B. 도전화

절연체의 표면 전하는 완만하게 밖으로 이동할 수 없기 때문에 접지에 의해 신속하고 완전하게 제전하는 것은 불가능하다. 따라서 대전 방지제를 첨가하거나 고체 표면을 처리해 도전화한다. 혹은 접지한 금속 테이프, 금속 직물, 금속선으로 절연체를 싸 신속하게 제전한다.

C. 온습도의 증대

상대습도를 약 65%까지 증대시키면 대부분의 대전성 물질의 표면 저항은 충분히 감소한다. 다만 수분을 흡수하지 않는 액체, 고체 및 가열 물체에는 거의 효과가 없다. 전기설비가 있는 곳은 가습에 의해 절연이 저하할 수도 있으므로 주의할 필요가 있다.

D. 제전기

발화원이 되지 않는 미약한 방전을 실시해 공기를 이온화하여 대전 물질의 전하를 중화한다. 제전기에는 전압 인가식, 자기 방전식, 방사선식이 있다.

3.9.4 인체의 제전

A. 정전 구두

온도 23℃, 상대습도 50%로 누설 저항이 $10^8\Omega$ 미만이면 일반적으로는 신속히 대전을 놓칠 수가 있다. 또 인체의 대전 방지를 위해서는 구두 저항이 $10^5\Omega$ 이하인 것이 바람직하다. 바닥의 누설 저항이 $10^6\Omega$ 이하일 때는 이러한 구두는 충분히 도움이 된다. 시판되는 정전 구두는 상기의 조건을 갖추고 있다. $10^8\Omega$ 미만으로 인체는 정전기적으로 접지되고 있다고 간주할 수 있다.

B. 정전 의복

정전 구두를 착용하고 바닥의 누설 저항이 $10^6\Omega$ 이하이면 일반적으로 위험한 장소에서 시판되는 의류를 착용하더라도 위험하지 않다. 다만 의복을 벗으면 위험한 대전을 초래할 가능성이 있으므로 위험한 장소에서는 피해야 한다. 시판되는 정전 의복(대전 방지 작업복)은 제전 방지능이 있다. 작업복의 대전 전위를 표 3.22에 나타냈다.

표 3.22 각 온도별 작업복의 대전 전위

온도, 상대습도	대전 전위(kV)		
	ECF 함유 (5cm 간격)	면	폴리에스테르 레이온 혼방
24℃, 20%	5~10	52~60	50~57
〃, 35%	4~7	42~50	42~50
〃, 51%	3~6	18~20	36~42
〃, 61%	2~3	1~8	20~30

※ 팔을 앞뒤로 5회 돌린 후 탈의하여 측정
※ ECF는 Electrically Conductive Fiber의 약어
※ 산업안전연구소 기술 자료「도전성 섬유에 의한 작업복의 대전 방지」에서 발췌

사고예 ◆ 지르코늄을 약 50g 폴리에틸렌 봉투에 넣어 잡고 걷던 중 갑자기 폭발했다. ◆ 알코올계 용제가 들어간 반응 용기에 분체 원료를 넣었는데 맨홀 부근에서 발화해 작업자가 화상을 입었다. ◆ 톨루엔 용액 제품을 폴리에틸렌제 여과포로 여과하던 중 약 20L 여과 후 폭발이 발생했다.

4장 응급처치법

4.1 약품에 의한 장애

4.1.1 일반적인 응급처치법

시약 등의 오음, 흡음, 피부, 눈에 부착되어 발생한 장애를 억제하기 위해 긴급하게 대처해야 하는 사항은 각 시약의 MSDS에 기재되어 있으므로 긴급 시에 대비해 항상 확인해 두는 것이 중요하다. 또 사고가 발생했을 경우는 원인 물질의 SDS를 휴대하고 의료기관에 가서 의사에게 제시하고 진단을 받는다. 표 4.1에 약품에 의한 장애의 응급처치법을 정리했다.

표 4.1 약품에 의한 장해의 응급처치법

원인	약품	처치법
약품을 먹었을 경우		전문의에게 연락한다. 토하게 한다(부식성 약품의 경우는 금기). 우유, 달걀, 물, 차 또는 밀가루, 전분 등의 물 현탁액을 먹인다.
	강산 강알칼리 수은 질산은 메탄올	산화마그네슘, 수산화알루미늄, 우유 등의 물 현탁액을 먹인다. 1~2% 초산, 레몬 주스 등을 먹인다. 물 또는 탈지유로 녹인 흰자를 먹인다. 식염수를 먹인다. 1~2% 탄산수소나트륨 수용액으로 위를 세정한다.
가스를 흡입한 경우		공기가 신선한 바깥으로 데리고 나간다. 안정을 취하게 하고 보온한다. 경우에 따라서는 인공호흡을 실시한다.

	시안	즉시 아질산아밀을 맡게 한다.
	염소	알코올을 맡게 한다.
	브롬	묽은 암모니아수를 맡게 한다.
	포스겐	산소를 흡입시킨다.
	암모니아	산소를 흡입시킨다.
눈에 들어갔을 경우		즉시 흐르는 물로 15분간 씻긴다.
피부에 부착한 경우		대량의 흐르는 물로 피부를 충분히 씻긴다.
	강산	수세 후 포화 탄산수소나트륨 수용액으로 씻긴다.
	강알칼리	수세 후 2% 초산으로 씻긴다.
	페놀	알코올로 잘 닦아낸다.
	인	물은 사용하지 않는다. 1% 황산구리 수용액으로 처리한다.
화상을 입었을 경우		흐르는 물(10~15℃)로 최저 30분 이상 차게 한다.

자주 이용하는 약품의 MSDS는 반드시 현장에 게시 혹은 보관해야 한다. 또 처음으로 사용하는 시약의 SDS는 실험 전에 반드시 숙독한다.

4.1.2 삼켰을 경우

사고자가 경련을 일으키거나 의식 불명이 되었을 경우 호흡을 유지하도록 조치만 취하고 의사 이외는 직접 손을 대어선 안 된다.

의식이 뚜렷할 때는 삼킨 화학물질을 토하게 한다. 다만 강산, 알칼리, 가솔린, 등유, 분무용 살충제, 표백제를 삼켰을 경우는 구토할 때 위나 식도에 천공을 일으키거나 호흡계 기관을 손상시키고 폐렴을 일으킬 우려가 있기 때문에 의식이 있어도 토하게 해서는 안 된다.

위 내의 약품 농도를 낮춰 체내 흡수를 늦추는 동시에 점막 보호를 위해 다음의 음식을 먹이면 좋은 경우가 있다.

- 우유, 달걀, 밀가루, 전분, 매시드포테이토의 물유탁액

4.1.3 흡입했을 경우

유독 가스상 물질이나 휘발성 물질을 사용하다가 기침을 하거나 기분이 불쾌하고 의식 장애 등의 증상이 나타났을 경우에는 즉시 환기가 잘 되는 신선한 장소로 이동시킨다. 구조 시 구조자는 흡입하지 않게 방독 마스크를 이용한다.

안전한 장소로 이동한 후 화학물질이 묻은 경우는 의복을 신속하게 벗긴다.

응급처치로 산소를 흡입시킨다. 소형 흡입용 산소 봄베는 스포츠용품점 등에서도 구입할 수 있으므로 실험실에 상비해 두면 좋다. 그런 다음 신속하게 의료기관의 진단을 받게 한다. 덧붙여 호흡 기능이 저하하거나 호흡이 정지해 있을 때는 심폐소생을 실시한다(4.7.2항 참조).

특히 유기용제에 의한 중독 시에는 다음의 응급처치를 실시한다(게시에 대해서는 1.7.5항 참조).

① 중독된 사람을 즉시 통풍이 잘 되는 장소로 옮기고 신속하게 위생 관리자나 그 외의 위생 관리를 담당하는 사람에게 연락한다.

② 중독된 사람을 옆쪽으로 눕혀 기도를 확보한 상태에서 체온이 떨어지지 않도록 보온에 신경을 쓴다.

③ 중독된 사람이 의식을 잃은 경우는 소방기관에 통보한다.

④ 중독된 사람의 호흡이 멈추었을 경우나 정상적이지 않은 경우는 신속하게 고개를 젖히고 심폐소생을 실시한다.

특정 화학물질인 특별 관리 물질에 대해서도 각각 주의 사항을 게시하도록 규정되어 있다. 응급처치에 대해서도 실험 전에 확인해 둔다.

4.1.4 피부에 묻었을 경우

대량의 흐르는 물로 피부를 충분히 씻는다. 다만 세정에 의해 오히려 화학물질에 접촉하는 피부의 범위를 확산될 수 있으므로 세정 자세나 씻어내는 방법에는 주의가 필요하다. 페놀 등이 부착되었을 경우에는 소독용(70%) 알코올로 닦은 후에 물로 씻어야 한다.

분말상 물질이 부착했을 경우 땀과 반응해 피부를 상하게 하거나 체내에 흡수될 수 있다. 또 생석회나 알칼리 금속 등 물을 끼얹으면 발열 반응을 일으켜 화상의 원인이 되는 분말상 화학물질도 있다. 분말상 물질이 부착했을 경우에는 충분히 닦아내고 나서 물로 씻어야 한다.

4.1.5 눈에 들어갔을 경우

가능한 한 빨리 충분히 눈꺼풀을 벌려 흐르는 물로 적어도 15분 이상 눈을 세척한다. 눈 세척에는 분수식 눈 세척기를 이용한다. 없는 경우에는 세면기의 물에 얼굴을 대고 눈 깜박임을 반복한다.

수도꼭지에 고무 호스를 끼워 완만히 흐르는 물을 이용해도 괜찮다. 세안 후에는 즉시

안과의의 진찰을 받는다. 늦으면 돌이킬 수 없는 사태가 될 수도 있다. 알칼리 수용액이 눈에 들어가면 실명하는 일이 있으므로 특히 주의가 필요하다.

4.2 외상

작게 베인 상처는 상처를 세정한 뒤 소독액이나 상처에 바르는 약을 도포하고 반창고를 환부에 붙인다. 깊은 자상이나 크게 베인 상처는 곧바로 의사에게 치료를 받아야 한다.

A. 지혈법

지혈은 상처 입은 자리(절단창에서는 절단면)에 청결한 거즈를 대고 압박 지혈을 실시한다. 압박 지혈이 제일 확실한 방법이다. 사고 등의 경우는 지혈대로 지혈하면 창상부보다 앞쪽의 광범위한 부분이 괴사해 나중에 접합 수술이 불가능할 수 있으므로 지혈대는 사용하지 않는다.

B. 절단된 사지와 손가락의 조치

청결한 두꺼운 비닐봉투에 담아(그때 상처는 씻지 않는다) 얼음물에 담근 상태로 부상자와 함께 구급차로 병원에 이송한다.

C. 조치자의 주의 사항

부상자의 감염 방지와 시술자의 감염 방지를 위해 멸균된 고무장갑을 착용한다. 시술 후 혈액 등이 묻은 것은 소각하거나 오토클레이브나 포르말린으로 멸균 조치를 취한다.

4.3 화상

화상은 여러 가지 원인으로 일어나지만 처치 원칙은 같다.

4.3.1 중증도의 판정

처치법을 결정하기 위해 중상도의 판정이 필요하다. 다음의 두 항목과 합병증의 유무에 의해 종합적으로 판정한다.

【화상 면적】

전체 표면적에서 차지하는 화상 면적으로 나타낸다. 신체 각부의 체표면적을 간편하게 산정한 것으로 9의 법칙(각%가 9의 배수라는 의미)이 있다(그림 4.1).

【화상의 깊이】

열의 강도와 작용 시간에 따라 깊이가 정해진다. 피부의 증상과 통증의 유무로부터 판정한다(표 4.2). 막상 위급 시에는 판단이 어려워 시간의 경과와 함께 깊어지는 경우가 있다.

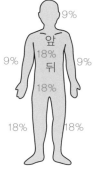

그림 4.1 9의 법칙(성인)

표 4.2 화상 깊이와 증상

깊이	증상	통증
I 도	붉은 반점	(+)
II 도	붉은 반점+수포	(+)
III 도	회백색~갈색	(−)

※ III도는 지각 신경까지 침범되기 때문에 통증이 거의 없다.

A. 경증 화상(통원 요양)

II도에 15% 이하, III도에 2% 이하, 쇼크를 일으키는 것은 보기 드물다.

B. 중등증 화상(입원 요양)

II도에 15~30%, III도에 10 % 이하, 모든 예에서 쇼크 위험성이 있어 입원이 필요하다.

C. 중증 화상(종합병원에 입원)

II도에 15~30% 이상, III도에 10% 이상 또는 얼굴, 손, 다리의 III도 화상, 기도 화상의 우려가 있는 것. 감전, 깊은 약상, 연부 조직의 손상, 골절을 수반하는 것. 상처를 입은 후 2~3시간 이내에 종합병원에 입원해 전신 관리를 우선 받게 한다. III도에 50% 이상은 대개 치명적이다.

D. 쇼크 증상

① 손발이 차갑다　② 안면 창백　③ 식은 땀　④ 구토, 구역질
⑤ 맥박수의 증가　⑥ 불안, 흥분

【1차성 쇼크】

상처를 입은 직후부터 1~2시간 이내에 일어난다. 보통은 안정을 취하면 2시간 정도면 안정되어 사망하는 경우는 보기 드물다. 부교감 신경의 흥분 상태라고 간주한다.

【2차성 쇼크】

상처를 입은 후 빠르면 6~8시간, 보통 2~3일 경과 후에 일어난다. 광범위한 상처 부위로부터 대량의 체액이 없어진다. 이 경우 즉시 적절한 치료를 하지 않으면 죽음에 이르는 경우가 있다.

! 사고 예	**기도 화상** 빌딩 화재 등의 경우에 종종 보인다. 폐쇄된 공간에서 부상을 입어 화재나 고온의 가스를 흡입했을 때 발생하고 폐에 산소가 도달하지 않기 때문에 사망하는 예가 많다. 상처를 입은 후 1~2일 후 증상이 심해진다. 얼굴이나 머리에 부상을 입고 콧털이 탄 경우는 기도 화상을 의심할 수 있다. 비강·구강 점막의 발적·종창이 보이며 쉰 목소리로 힘들게 숨을 내쉬며 호흡 곤란을 호소하고 다량의 가래, 특히 검은 그을음이 섞인 가래를 내뱉으면 화상이 기도에까지 미쳤다는 증거이다.

4.3.2 화상의 응급처치법(냉각)

응급처치로 냉각하는 것이 가장 중요하다. 상처를 입은 후 그 자리에서 즉시 냉각한다. 의복이 불타고 있을 때는 물을 끼얹어 끈다. 고통을 없애고 세포 장애가 심부로 진행되는 것을 막기 위해 부상 후 신속하게 냉각하는 게 효과적이며 6시간 이내라면 유효하다.

① 수돗물로 상처 부위를 씻어낸다.
② 상처나지 않게 의복을 천천히 자르거나 벗는다.
③ 최소 30분에서 2시간 정도 냉각을 계속한다. 수온은 10~15℃가 적당하며 이하는 바람직하지 않다.

씻는 것이 곤란한 얼굴, 몸통 등의 부위는 수돗물로 적신 2, 3매의 수건으로 얼음 조각을 감싼 후 상처 부위에 댄다. 끊임없이 옮겨 가면서 냉각하여 동일 부위가 너무 차가워지지 않게 각별히 주의한다. 구강 내에 통증이 있을 때는 얼음을 빨게 한다. 범위가 작은 화상인 경우에도 5~10분의 냉각으로는 효과가 없고 장시간 냉각해야 한다. 냉각을 멈추어도 통증이 나타나지 않을 때까지 계속하면 좋다.

광범위한 화상인 경우는 기술적으로 냉각이 곤란하다. 또 쇼크의 위험성을 생각해서 중증 화상인 경우는 청결한 수건이나 시트로 상처 부위를 덮고 할 수 있으면 냉각하면서 즉시 종합병원에 옮긴다. 손발은 높게 해 부종을 막는다.

4.4.1 증상

경도인 경우는 발적과 불쾌감이 있지만 몇 시간 지나면 회복한다. 중등도인 경우는 자홍색이 되어 수포가 생기고 중증일 때는 괴사가 일어난다.

4.4.2 동상의 응급처치법

- 언 부위를 40℃(더 높은 온도는 안 된다)로 따뜻하게 한 뜨거운 물 속에 20~30분 간 담근다.
- 정상 온도로 회복하더라도 해당 부위를 높게 올리되 실온에서 아무것도 감싸지 않고 붕대도 하지 않은 상태에서 안정을 취한다.
- 동상 부위를 뜨거운 물에 담글 수 없는 경우는 몸의 따뜻한 부분(손, 겨드랑이)으로 따뜻하게 한다.
- 습기 찬 의복은 벗긴다. 다만, 피부에 얼어붙은 의복은 그대로 둔다.
- 증상이 악화되면 신속하게 의료기관을 찾아 진찰을 받는다.

4.5 · 전격 상처

4.5.1 전류의 종류와 위험성

직류는 교류보다 위험도가 낮다. 고주파 및 고압 교류는 저주파 및 저압 교류보다 위험도는 낮다. 그러나 3볼트와 같은 저압 직류에서도 화상을 일으킨 예가 있다.

4.5.2 전격 상처의 응급처치법

구조자 자신이 감전되지 않게 주의하면서 즉시 감전자를 전류로부터 떼어놓는다. 방법으로는 다음과 같은 것이 있다.

- 전원을 끈다.
- 나무 도끼로 전선을 절단한다.
- 전류를 다른 회로로 흘려보낸다.
- 건조한 옷감이나 피혁을 이용해서 감전자를 전선으로부터 떼어 놓는다.

만약 맥박이 멈추었을 때는 주먹으로 흉골 중앙부를 20~30cm의 높이에서 강하게

1, 2회 친다. 효과가 없으면 즉시 심장 마사지 등의 응급처치를 실시한다(4.7.2항 참조).

4.6　방사성 피폭

4.6.1 계획 외 피폭 시의 일반적인 대응

방사선에 의한 계획 외의 피폭이 인정되거나 또는 의심되는 경우에는 증상의 유무에 관계 없이 즉시 방사선 취급 주임자에게 보고한다. 그 후 관계 기관에 연락하여 의료 기관의 진찰 등을 포함해 상담하는 것이 중요하다.

또 X선에 의해 계획 외의 피폭이 의심되는 경우에는 X선 작업 주임자 또는 장치의 관리 책임자에게 보고하는 동시에 즉시 노동 감독 기준서로 보고하고 방사선의 경우처럼 의료기관의 진찰 등을 포함해 상담한다.

4.6.2 방사선이나 X선 사용 시의 피폭 대응

방사선이나 X선에 의한 피폭 사고 현장에 우연히 있게 될 경우는 방사선원으로부터 멀리 피하는 것이 중요하다.

① 우선은 그 자리에서 떨어져 차폐물 뒤에 몸을 가린다.
② 비밀봉 RI(비밀봉 방사성 동위 원소)를 사용하지 않는 경우는 오염 가능성은 없다고 생각되므로 안전한 장소로 퇴피하는 것을 최우선으로 한다.
③ 개인 선량계 등으로 피폭량을 측정했을 경우는 곧바로 피폭량을 특정한다.
④ 증상의 유무에 상관없이 방사선 취급 주임자나 X선 작업 주임자와 상담해 의료 기관을 찾는다.

4.6.3 비밀봉 RI 사용 시의 피폭 대응

비밀봉 RI를 사용하고 있을 때는 방사성 물질에 의해 신체 및 주위가 오염되었을 가능성을 고려해야 한다. 오염은 관리 구역 외로 확대되는 것을 최대한 막아야 하기 때문에 제염을 고려할 필요가 있다.

① 구명 활동을 최우선으로 하고 여유가 있으면 오염 검사를 실시한다.
② 오염 가능성이 높은 경우는 서베이미터 등을 이용해 오염된 장소를 특정한다.
③ 오염 장소를 특정했다면 제염을 실시한다.
　ㄱ. 의복의 경우는 잘라내거나 벗겨서 오염물로 폐기 처분한다.

ㄴ. 피부 등이 오염되었을 경우는 중성 세제를 이용해 핸드 브러시 등으로 잘 씻어 제염을 실시한다. 이때 유기 용제는 피부로부터 침투하기 때문에 사용해선 안 된다.

ㄷ. 오염의 정도가 심해 중성 세제로도 떨어지지 않는 경우는 산화티탄 페이스트를 충분한 양 오염된 곳에 바르고 몇 분 후에 잘 비벼서 제거한 후 마지막에 물로 세정해 제염을 실시한다.

ㄹ. 산화티탄 페이스트를 이용해도 제염할 수 없는 경우는 분말상 중성 세제와 킬레이트제(Na-EDTA, 구연산나트륨 등)를 1 : 2로 혼합시킨 것을 오염된 곳에 발라 미온수로 적신 후 핸드 브러시 등으로 비비면서 물로 씻어 흘려 제염을 실시한다.

④ 만일 방사성 물질이 체내에 흡입된 경우에는 구토시키고 위 세척을 한다. 그 후 즉시 건강 진단을 받는다.

4.6.4 긴급 시의 대응

방사성 동위 원소 사용 시설 및 방사선 시설에서의 주요 이상을 아래에 열거하였다.

① 화재   ② 지진   ③ 오염
④ 피폭   ⑤ 선원의 소재 불명
⑥ 선원의 도난   ⑦ 미등록 선원의 발견

③부터 ⑦까지는 방사성 동위 원소 사용 시설 및 방사선 시설 특유의 문제이며, 화재와 지진에 수반해 ③부터 ⑥이 동시에 일어날 수 있다. ④부터 ⑦까지가 일어났을 때에는 즉시 방사선 취급 주임자 또는 방사선 안전 관리실 등에 신고하고 ③의 오염이 발견되었을 경우에는 자신이 오염되었는지 오염된 장소를 찾아냈는지 어느 정도의 오염인지 등에 따라 대응은 달라지지만 어느 경우든 방사선 취급 주임자나 관리실에 연락해 조언을 구해야 한다.

긴급 시에 대응하는 경우에는 다음과 같이 행동한다.

● 인명의 안전을 최우선으로 생각하되 기기나 시료 등을 못 쓰게 돼도 어쩔 수 없다고 생각한다.

● 신체의 안전을 확보한 다음 부근의 사람에게 큰 소리로 알린다. 다음으로 전화 혹은 직접 관리실에 알린다.

- 여유가 있는 경우에 한해서 오염의 확대 방지, 초기 소화, 연소의 방지를 실시한다. 이때 혼자가 아니라 반드시 여럿이 실시한다.

위험은 과대평가는 해도 과소평가를 해서는 안 된다. 오염 유무를 알 수 없는 경우는 오염되었다고 가정하고 대처한다.

4.6.5 긴급 연락망의 정비

긴급 연락망은 관리 구역의 출입구나 전화 부근에 게시되어 있으므로 평소 눈여겨 뒀다가 곧바로 연락을 취할 수 있도록 한다. 이외에도 구급 용구, 들것, 마스크, 메가폰, 소화기 등의 위치를 확인해 둔다. 긴급 시에 사용하는 연락망이나 용구는 실제 상황에서 어떤 도움도 되지 않기 때문에 1년에 몇 차례 시설에서 행하는 방재 훈련 등에 참가해 사용법을 숙지한다. 만일의 사태가 일어났을 때 당황하지 않고 행동할 수 있는 요령이다.

4.7 심폐소생술

심폐소생술은 호흡이 멈추고 심장도 움직이지 않는다고 여겨지는 사람에게 실시하는 구명 응급처치이다. CPR(Cardio Pulmonary Resuscitation)이라고도 부른다. 주로 심장 마사지와 인공호흡을 실시한다.

만일의 사태에 친구나 동료(경우에 따라서는 가족)의 생명을 구할 수 있는 심폐소생술은 지식으로만 알고 있을 게 아니라 몸소 경험할 필요가 있다. 관련 기관에서 실시하는 구명 강습 등에 참가해 직접 체험해서 익혀 두는 것이 좋다. 덧붙여 구명 강습의 내용은 새로운 지식 등을 정기적으로 재검토해 구명 방법이나 순서 등이 변경되는 일이 있으므로 한 번 수강했다고 안심하지 말고 수년마다 수강을 반복하는 것이 바람직하다. 또 인터넷으로 심폐소생술을 검색해 최신 방법을 익혀 자신이 배운 방법과 달라진 것이 없는지 확인하는 것도 유효하다.

다음에 실제의 대처 방법에 대해 설명한다.

4.7.1 최초의 대응

A. 의식 유무의 확인

의식을 잃고 쓰러진 사람을 발견하면 다음과 같이 한다.

① 어깨를 가볍게 치면서 '괜찮습니까' 라고 물어 의식의 유무를 확인한다.

② 재차 말을 걸어 눈을 뜨거나 반응이 있으면 '의식 있음', 아무런 반응도 없으면 '의식 없음'이라고 판단한다.

③ 머리나 목에 상처가 있는 경우나 그런 의심이 있을 때는 몸을 흔들거나 목을 움직여서는 안 된다.

④ 의식이 있으면 환자와 대화를 하면서 필요한 응급처치를 실시한다.

만약 반응이 없는 경우나 판단이 어려운 경우는 큰 소리로 도움을 구하며 사람을 부른다. 가능하면 두 사람에게 요청해 각각 119번 통보와 AED 이송을 의뢰한다.

B. 호흡 유무의 확인

다음으로 넘어져 있는 사람의 호흡 유무를 확인한다. 흉부나 복부의 움직임을 관찰하는 것이 추천되고 있다. 입이나 코에 접근하여 확인하는 방법도 있지만 환자가 구토나 토혈을 하고 있을 때는 감염증이 우려되므로 구조자의 체내에 구토한 것이나 혈액이 들어오지 않게 주의한다. 특히 구조자가 상처를 입은 경우는 상처를 통해 바이러스 등이 체내에 침입할 수 있으므로 주의해야 한다.

확인 결과 호흡이 있는 경우는 기도를 확보하고 상태를 보면서 필요한 응급처치를 하며 구급대의 도착을 기다리는 것이 좋다. 호흡이 없는 경우나 판단에 자신이 없는 경우는 AED가 도착할 때까지 다음 절에서 소개하는 심장 마사지와 인공호흡을 반복해 실시한다.

4.7.2 심장 마사지(흉골 압박법)

그림 4.2와 같이 환자를 똑바로 눕히고 가슴 옆에 자리한다. 그리고 가슴의 거의 중앙부(그림 4.2의 압박부)에 구조자의 한쪽 손을 댄 후 다른 한쪽 손을 포개고 팔꿈치를 곧게 펴고 체중을 실어 손바닥 밑으로 환자의 가슴을 30회 압박한다. 압박의 깊이는 약 5cm로 가슴이 눌릴 때까지 1분에 100~120회의 템포로 압박을 실시한다.

인공호흡 시나 AED를 이용할 때는 흉골 압박을 중단해야 하지만 가급적 흉골 압박의 중단은 최소로 해야 한다. 또 흉골 압박은 매우 중노동이므로 구조자는 적절히 교대해 압박의 템포나 강도를 유지한다.

4.7.3 인공호흡(마우스 투 마우스법)

최근에는 인공호흡 실시가 망설여지는 경우는 실시하지 않아도 된다고 권장한다. 이유는 인공호흡의 실시를 주저하는 사이에 심장 마사지나 인공호흡도 중단하게 되어 구

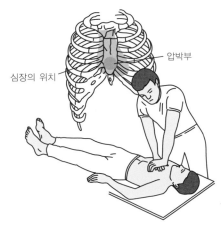

심장의 위치

압박부

그림 4.2 흉골 압박법

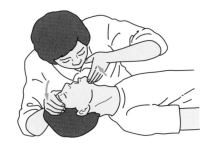

그림 4.3 기도 확보

명에 미치는 영향이 크기 때문이다.

넘어진 직후의 환자의 혈액 중에는 어느 정도의 산소가 잔존하고 있기 때문에 구명 대응을 멈추는 것보다는 심장 마사지를 계속해 혈액 순환을 보조하는 편이 구명 효과를 기대할 수 있다는 판단에서이다.

경험이 있는 구조자이거나 환자가 아는 사람이어서 망설임 없이 실시할 수 있는 경우는 구급대원이 도착할 때까지 가슴 압박 30회에 대해 인공호흡 2회의 비율로 반복해 실시한다. 그렇지 않은 경우는 가슴 압박 30회와 호흡 확인을 반복한다.

A. 기도 확보와 호흡 확인

한 손을 이마에 대고 뒤로 젖히고 다른 한 손의 집게손가락으로 아래 턱을 들어올려 기도를 확보한다(그림 4.3). 기도를 확보한 상태에서 환자의 가슴 복부를 주시해 가슴이나 복부의 상하 움직임을 살피거나 뺨을 환자의 입·코에 대고 호흡 소리를 확인하거나 자신의 뺨으로 환자가 내뱉는 숨을 감지한다. 이 확인을 10초 이내에 실시한다.

B. 인공호흡 방법

호흡이 없으면 인공호흡을 개시한다. 기도를 확보한 채 입을 크게 벌려 환자의 입과 코를 막고 공기가 새지 않게 숨을 천천히 2회 불어넣는다. 동시에 가릴 수 없을 때는 입을 다문 상태로 구강대비강 인공호흡도 괜찮다.

① 순조롭게 숨을 불어 넣지 못한 경우는 다시 한번 머리를 뒤로 젖혀 기도를 다시 확보한 후 숨을 불어 넣는다.

② 인공호흡을 하는 것에 저항이 있는 경우는 손수건을 환자의 입코에 두고 해도 상

관없다. 또 휴대할 수 있는 간이형 인공호흡용 마스크가 편리하다.

③ 만약 환자에게 상처나 출혈이 있거나 구조자의 피부나 입 주위에 상처가 있는 경우는 구강 대 구강(구강 대 비강) 인공호흡을 실시하지 않고 심장 마사지만 해도 좋다.

4.7.4 자동 체외식 제세동기(AED)

AED(자동 체외식 제세동기)란 심장에 전기 충격을 주는 의료기기이지만, 심전도 해석 기능이 있어 전기 충격이 필요한지의 여부를 판단하는 기능도 있다.

돌연사의 원인은 지주막하 출혈 등의 뇌질환에 의한 것도 있지만 심질환에 의한 경우가 많다. 심질환 가운데 부정맥이 발생해 심장의 심실이 조금씩 떨려 전신에 혈액을 보낼 수 없는 상태를 심실세동이라고 한다. 심실세동의 원인은 선천적인 것도 있지만 스포츠 활동 중에 볼을 가슴에 강하게 맞는 외적 요인에 의해서도 발생한다.

심장이 경련을 일으켜 펌프로서의 역할을 완수하지 못하면 소생할 기회는 1분 경과할 때마다 약 10%씩 줄어들어 10분 후에는 대부분의 사람이 죽음에 이른다고 한다.

심실제동을 정상적인 상태로 되돌리는 방법이 제세동(심장의 전기 충격)이며 AED는 제세동이 필요한지를 판단해 구명 순서를 음성으로 지시한다. AED는 제세동을 포함한 구명 행위를 간단하게 할 수 있도록 제작됐다.

AED 설치 장소가 늘고 있으므로 설치 장소를 확인하고 강습을 받는 등 긴급 시에 곧바로 사용할 수 있도록 준비해 두는 것이 바람직하다.

【AED의 기본적인 조작 방법】

① 전원 버튼을 눌러 AED를 기동시킨다. 기종에 따라서는 뚜껑과 전원이 연동되어 있어 AED 본체의 뚜껑을 열면 전원이 켜지는 것도 있다. AED가 기동하면 음성 메시지가 나오므로 거기에 따라 작업을 진행시킨다.

② 통상은 뚜껑을 열어 안에 수납되어 있는 전극 패드 2매를 전극 패드 본체 등에 그려진 그림을 참고로 해 환자의 오른쪽 쇄골 아래와 왼쪽 젖꼭지 바깥쪽 아래에 붙인다. 덧붙여 소아용 패드가 들어 있으면 미취학 아동에게는 그것을 사용한다.

③ 전극 패드가 부착된 것을 AED가 검지하면 환자로부터 떨어지라는 음성 메시지가 흘러 나오고 AED가 심전도의 해석을 시작한다. 해석 중에는 아무도 환자에게 접근하지 않게 한다. 전기 충격이 필요하다고 판단되면 충전을 시작한다는 음성 메시지가 흐르므로 충전이 완료될 때까지 환자에게 다가가지 않고 그대로 대기한다.

④ 그런 다음 전기 충격 버튼을 누르라는 음성 메시지가 나오므로 주위 사람들에게
도 주의를 환기하고 버튼을 누른다.

⑤ 그 후에도 AED의 지시에 따르지만 통상은 심장 마사지(흉골 압박)를 재개하라는
지시이므로 4.7.2항(4.7.3항)의 내용을 반복해 실시한다.

⑥ 일정 시간이 경과하면 재차 AED가 심전도의 해석을 실시하기 위해 환자로부터
떨어지라는 음성 메시지가 나오므로 지시에 따른다.

이 행동을 구급대가 도착할 때까지 계속한다.

5장 재해 대책

5.1 화재 대책

화학 실험에는 많은 재해가 수반되지만 가장 빈번한 것은 화재이다. 방화(防火)에 대해서는 각각 대책이 마련되어 있으므로 그에 따라야 한다. 그러나 개인 차원에서도 방화 대책을 세울 필요가 있다.

5.1.1 평소의 주의 사항

① 방재 설비를 정기적으로 점검, 정비한다

  ㄱ. 소화기(소화전, 소화기, 소화모래 등), 방호 용구(방독 마스크, 공기 호흡기, 방호복 등, 그림 5.1, 표 5.1), 비상용 기구(비상 사다리, 구명가방 등)

  ㄴ. 방화문, 비상구, 비상계단, 복도, 베란다(장애물을 치운다)

  ㄷ. 가열 도구, 전기 배선, 가스 배관

② 실내의 가연물질을 최소한으로 하고 보관 장소는 화기로부터 멀리한다.

> **! 삿 예** ◆ 불필요하게 대량의 용제를 실내에 두었다가 큰 불로 이어지는 예가 많다.

③ 화기를 취급하는 실험을 할 경우에는 다음 사항을 점검한다.

  ㄱ. 화기 근처에 인화성 물질을 두지 말 것(에테르가 개구 용기에 있을 때는 1m 정도의 거리에서도 용이하게 인화한다).

  ㄴ. 특히 인화하기 쉬운 실험에서는 인화했을 때 취해야 할 행동을 생각할 것(가

그림 5.1 주요 보호구

스마개나 전원을 어디서 차단하는지, 소화기는 어디에 있는지).

ㄷ. 출화 시 피난 통로를 확보해 둔다(타인이 불을 내는 일도 있다. 실내의 어디에
   서든 화재가 일어나도 도망갈 수 있도록 항상 준비를 하고 또 비상시에 대비
   해 실험실 내의 통로 폭을 80cm, 복도의 통로 폭을 120cm 확보해 둔다.

ㄹ. 사용 후 불의 뒤처리를 잊지 말 것(실험대가 과열되어 탄화해 귀가 후에 발화
   하는 일도 있다).

표 5.1 주요 보호구의 사용 방법

종류	용도
방진 마스크	중금속 가루, 규산염 등의 분진을 취급할 때 이용한다.
보호면	금속의 절삭, 파쇄 시나 약액의 비산 우려가 있을 때 이용한다.
고무장갑	내산용(고무), 내용제용이 있다(부틸 고무가 내용 범위가 넓다).
방독 마스크	흡수 캔으로 독가스를 제거한다. 가스에 따라 흡수 캔을 선택한다(O_2 농도가 반드시 18%인 환경에서 사용).
송기 마스크	외부로부터 신선한 공기를 보내는 방독 마스크
공기 호흡기	압축 공기 봄베를 갖춘 마스크 내를 양압으로 하는 프레셔벤트형 호흡기는 유독 가스, 화재, 산소 결핍 등에 대응 가능하다.
방호복	피부 흡수의 우려가 있는 독물을 취급할 때 이용한다.

표 5.2 방독 마스크용 흡수 캔

종류	캔 색상	시험 가스	최대 허용 투과량 (ppm)	격리식 가스 농도 (%)	격리식 투과 시간 (분 이상)	직결식 가스 농도 (%)	직결식 투과 시간 (분 이상)
할로겐 가스용	회·흑색*1	Cl_2	1	0.5	60	0.3	15
산성 가스용	회색	HCl	5	0.5	60	0.3	80
유기 가스용	흑색	CCl_4	5	0.5	100	0.3	30
일산화탄소용	적색	CO	50	1.0	180	1.0	30
암모니아용	녹색	NH_3	50	2.0	40	1.0	10
아황산 가스용	황·적색	SO_2	5	0.5	50	0.3	15
청산용	청색	HCN	10	0.5	50	0.3	20
아황산·유황용*2	백·황적	SO_2	5	0.5	50	0.3	15
황화수소용	황색	H_2S	10	0.5	50	0.3	20

*1 캔 색상의 두 가지 색은 상하로 나눠 칠한다.
*2 아황산·유황용은 연기 흡수 능력이 있다.

5.1.2 화재 시의 주의 사항

① 불이 났을 때 다음 순서에 따라 대처한다.

   ㄱ. "화재다"라고 주위 사람에게 알린다.

   ㄴ. 발화원을 차단한다(가스 콕, 전기 스위치).

   ㄷ. 침착하게 주위의 가연물을 옮긴다.

   ㄹ. 소화를 한다(소화는 침착한 사람에게 맡기는 편이 좋다).

② 소화는 다음 순서로 실시한다(유기 용제의 경우).

전량 연소 → 탄산가스 소화기 → 분말 소화기 → 강화액 소화기(기계 기포 소화기)

→ 살수

- 소량의 용제가 불탔을 때는 다른 물건에 인화되지 않게 해 전량 태워도 괜찮지만 일반적으로 탄산가스 소화기를 이용하는 것이 가장 좋다. 뒤처리가 간단해 몇 번이라도 사용할 수 있다.
- 용기 밖으로 불이 번졌을 때는 대형 분말 소화기가 좋다.
- 책상이나 선반이 타기 시작하면 강화액 소화기를 사용하거나 호스로 살수한다.

③ 의복에 불이 붙으면 당황하지 않고 사람을 불러 끄거나 복도에 나와 마루에 뒹굴어 끈다. 혹은 실내나 복도의 긴급 샤워기를 이용한다.

- 나일론, 테트론 등의 합성섬유 또는 혼방 의류는 불의 열에 의해 용해하여 피부에 달라붙어 큰 사고로 이어질 수 있다. 피부에 접하는 의류는 무명 또는 양모가 바람직하다.

④ 드래프트 내의 화재는 유독 가스, 연기의 발생을 수반하는 등의 특수한 경우를 제외하고 원칙적으로는 환기를 멈추고 소화한다.
- 환기를 멈추는 편이 소화 효과도 좋고 상향 연소도 방지할 수 있다.

⑤ 가연성 가스 봄베에서 가스가 분출, 발화했을 경우에는 우선 주위의 가연물을 제거하고 나서 주수, 소화한다.
- 가스가 분출했을 경우(발화하고 있지 않는 경우)에는 우선 가스 밸브를 잠그고 전원을 꺼 발화원을 차단한 후 창을 열어 실내를 환기시킨다.
- 할 수 있으면 봄베를 창가 근처로 옮기면 좋다.

⑥ 유독 가스나 연기가 다량 발생할 우려가 있는 경우에는 방독 마스크나 공기 호흡기 등의 방호 용구를 착용하고, 가능한 한 바람이 불어오는 쪽부터 소화한다.
- 방독 마스크를 과신해선 안 된다. 발생 유독 가스에 적절한 흡수관이 붙어 있는지 점검한다.
- 유독 가스가 일정 농도 이상이면 방독 마스크는 유효하지 않다는 것을 알아둔다.
- 공기 호흡기를 사용할 때는 봄베의 사용 가능 시간(의외로 짧다)을 잘 알아두었다가 정해진 시간 내에 활동해야 한다.

5.1.3 피난 · 연락 방법

① 화재의 규모, 유독 가스나 연기 발생 등의 상황을 보고 방법이 없다고 판단한 경우나 천장으로 불길이 번져 연소하기 시작했을 경우에는 신속하게 옥외로 대피한다.
② 대피 시에는 전원, 가스원 등을 차단하고 위험물 등의 뒤처리를 할 것. 또 늦게 빠져나오는 사람이 없는지 확인한다.
③ 엘리베이터를 사용해서는 안 된다.
④ 대피 후 신속하게 정해진 지시에 따라 연락을 한다. 이때 화재의 종류, 규모 등 정확하게 전달해야 한다.
⑤ 부상자가 있으면 응급처치를 실시하고 한시라도 빨리 병원에 연락한다.

5.1.4 방화 훈련

방화 훈련은 정례적인 종합 훈련 외에 1년에 한두 번은 각 연구실마다 훈련을 실시하는 것이 바람직하다. 특히 신입이 배속된 시기에 실시하면 효과적이다.

① 화재의 종류, 대소에 따라 적절한 소화법을 익혀 둔다.

② 소화기의 종류, 사용 구분, 취급법, 두는 장소 및 옥내 소화전의 사용 방법 등을 익혀 유효하고 적절하게 소화할 수 있도록 한다.

③ 대피, 연락, 구급을 신속하게 실시할 수 있도록 한다.

5.1.5 소화기

소화기는 화재의 정도, 연소물의 종류, 주위 상황에 따라 적절한 것을 사용해야 한다 (표 5.3).

A. 탄산가스 소화기(CO_2 소화기)(그림 5.2)

유기 용제의 인화나 전기에 의한 초기 화재에 유효하고 소화 후의 피해도 적다.

다만 산화성 물질이나 자기 반응성 물질에는 효과가 없다.

① 안전마개를 뽑아 왼손으로 레버를, 오른손으로 노즐부를 잡는다.

② 혼을 발화점 근처에 가능한 한 접근시켜 레버를 당긴다.

B. 분말 소화기(그림 5.3)

작은 화재부터 큰 화재까지 이용한다. 정밀 기기에 중대한 지장을 초래할 우려가 있다. 바퀴가 달린 대형 소화기도 이용된다.

① 호스를 잡고 노즐을 발화점을 향한 후 안전마개를 뽑고 레버를 강하게 잡으면 분사된다.

② 사용 후에는 잔압을 방출한 후 가압용 CO_2 가스 용기와 약제를 교환한다.

C. 기계 기포 소화기, 강화액 소화기(그림 5.4)

금수물이 존재하지 않는지 확인하고 사용한다. 사용 후 전기 장치는 충분히 세척한 후 수리에 맡긴다.

① 호스를 잡고 노즐을 발화점을 향한 후 안전마개를 뽑고 레버를 잡으면 분사한다.

② 한 번 방사하면 즉시 약제를 다시 넣는다. 시험 방사는 하지 않는다.

표 5.3 소형 소화기의 종류와 특징

종류	사용 구분	방사 거리 (m)	방사 시간 (초)	특 징
화학 기포 소화기	AB	4~9	60	Na_2CO_3 수용액과 $Al_2(SO_4)_3$ 수용액을 사용 전에 혼합한다.
기계 기포 소화기	AB	4~9	60	계면활성제를 주성분으로 하며 분말의 속효성 과 수계의 확실성을 겸비한다.
탄산가스 소화기	BC	2~4	20	액화 CO_2
분말 소화기	ABC	3~6	15	드라이 케미컬($NaHCO_3$)
분말 소화기	ABC	5	15	ABC 소화 약제(인산염류)
강화액 소화기	ABC	7	30	K_2CO_3 수용액을 분무한다.

※ 사용 구분 : A(일반 화재용). B(기름 화재용). C(전기 화재용)
※ 방사 거리 및 시간은 약액 10L 또는 약제 2kg 정도의 크기인 경우를 나타냈다.

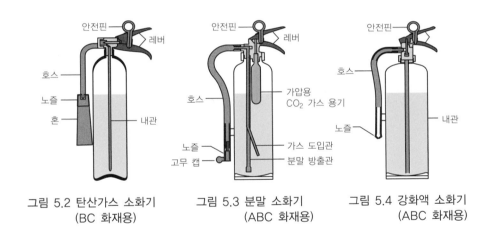

그림 5.2 탄산가스 소화기 (BC 화재용)

그림 5.3 분말 소화기 (ABC 화재용)

그림 5.4 강화액 소화기 (ABC 화재용)

5.2 지진 대책

갑자기 닥치는 지진이라고 해도 평소부터 방재 훈련을 반복하고 대책을 강구해 두면 피해를 줄일 수 있다. 무대책은 무책임으로 이어진다는 점을 명심해야 한다.

• 큰 지진이 발생하면 •

① 우선 자신의 안전을 확보한다. 피난 경로도 생각해 조금이라도 대피에 유리하도록 행동한다. 책상 아래에 몸을 숨길 거라면 한 걸음이라도 출입구에 가깝고 튼튼하고 안전한 책상을 선택한다. 약품 선반 근처에 있으면 한 걸음이라도 멀리 떨어진다.

② 가능하면 전원은 차단하고 가스 개폐 장치나 봄베 용기 밸브를 닫고 공작 기기 등을 정지하는 등, 이후의 피해를 조금이라도 억제하기 위한 조치를 취한다(어디까지나 신체의 안전 확보를 최우선으로 한다).

③ 지진의 흔들림이 안정되면 불 단속을 실시하고 전기 기기를 정지시킨다. 만약 벌써 정전된 상태면 방의 브레이커를 차단하거나 콘센트에서 전원 플러그를 뽑아 전기가 복구되었을 때 전기기기가 마음대로 가동해 화재나 사고로 이어지지 않게 한다.

④ 바닥에 대량의 인화성 약품이 유출되거나 가연성 가스가 누설되고 있는 경우는 신체가 위험하지 않는 범위에서 창이나 문을 열어 실내에 꽉 차지 않게 노력한다. 다만 실내가 엉망이 되어 대응이 무리라고 판단하면 큰 소리로 주변 사람들에게 상황을 전하고 일각이라도 빨리 건물 밖으로 피난한다.

⑤ 화재가 발생하면 몸의 안전을 확보하면서 초기 소화를 실시한다. 대규모 재해가 발생하면 소방차 등은 막대한 피해가 발생한 지역부터 우선적으로 활동하기 때문에 대학 등의 연구기관에는 거의 오지 않으므로 초기 소화에 노력해야 한다.

⑥ 초기 소화에 실패(화염이 천장에 이르러 연소하기 시작하면 실패라고 판단한다)하거나 유독 가스가 발생하는 등의 위험이 닥치면 곧바로 피난한다.
이때 방의 문이나 건물 내의 방화문도 가능하면 닫아 건물 내에서 피해 확대가 지연되도록 노력한다. 피난할 때는 큰 소리를 내 건물 내 사람들에게 알리면서 밖으로 나온다.

5.2.1 실험실

실험실이 근대적인 내진 구조 빌딩 안에 있어도 고층 건물이라면 위층에 위치하는 실험실일수록 지진에는 약하다. 따라서 많은 약품과 봄베를 사용하는 화학 실험실은 가능하면 건물 아래쪽 층에 배치한다. 정밀 측정 장치도 물리 실험실도 마찬가지다. 특히 약품 창고나 봄베 두는 곳 등은 독립된 단층집 구조 내에 설치해야 한다.

지진에 화재는 부속물이기 때문에 방의 칸막이는 석고보드가 아닌 콘크리트로, 문은 철제로 하는 것이 좋고, 유리 부분이나 상부의 난간을 만들지 않는 편이 좋다.

화학 실험실은 큰 방보다 밀폐실이 되는 작은 방이 바람직하며 안전하게 피할 수 있는 공간을 확보해 두는 일도 잊어서는 안 된다. 또 퇴피로는 건물의 외측에 마련한다. 강한 흔들림에 의한 전도로부터 몸을 지키기 위해 비품류는 견고하게 고정한다. 그리고 평소에 실내의 정리정돈하고 지진 발생 시 어디로 대피해서 흔들림이 가라앉기를 기다릴지 생각해 둘 필요가 있다.

> **! 사고예** ◆ 8층 건물의 고층 건축에 있어 5층 벽에 내장된 스피닝 밴드 증류탑이나 진공 라인은 무사했지만 7층에서는 진동에 의해 진공 라인이 파괴되었다. 약품 선반은 5층 이상에서는 전체가 전도했는지 안의 시약이 샜다. ◆ 실험대의 중앙에 있는 시약 선반은 L자형 쇠장식으로 고정해 두었지만 쇠장식이 진동에 의해 구부려져 넘어졌다

5.2.2 봄베

- 봄베 스탠드에 고정한다. 유독, 가연성, 지연성 가스 봄베는 실린더 캐비닛에 수납한다.
- 쇠사슬로 고정하는 경우는 머리 부분에 가까운 1개소뿐만 아니라 하부도 쇠사슬로 고정한다. 쇠사슬은 콘크리트벽에 묻은 이음쇠에 연결하고 봄베와 벽 사이에 틈이 없게 밀착시켜 묶는다. 몇 개의 봄베를 정리해 고정하지 말고 하나씩 견고하게 고정한다.
- 가스 크로마토그래피에 봄베를 접속하는 경우 양자가 동시에 흘러내리지 않게 고정한다.
- 사용 중이 아닌 봄베에는 반드시 캡을 씌워 봄베 스탠드에 고정해 둔다.
- 사고로 넘어진 봄베는 언뜻 보기에 괜찮은 것 같아도 파손되어 있을 가능성이 있으므로 사고 후에 재검사한다.

> **! 사고예** ◆ 사용 중 수소 봄베가 넘어져 압력 조정기의 파이프가 접혀 가스가 샜다. 또 전도에 의해 봄베 콕이 구부러지는 바람에 나사가 헐거워져 가스가 분출했다. ◆ 상부만 고정한 봄베는 아래부터 미끄러져 2개 이상의 봄베를 함께 묶은 못이 빠지고 3개 이상 묶은 것은 사슬이 끊어졌다.

5.2.3 **약품**

- 약품병은 잠금 기구를 갖춘 스틸 선반에 보관하는 것이 바람직하다. 상하로 겹치지 말고 일체식 선반을 사용한다. 작은 선반은 드래프트 아래에 둔다. 약품 선반은 벽에 밀착시키고 목재를 이용해 암 길이에 고정한다.
- 어쩔 수 없이 실험대 위에 약품 선반을 설치하는 경우에는 상부에 다리를 놓아 각 실험대의 약품 선반을 서로 연결하거나 프레임으로 견고하게 고정한다.
- 문은 반드시 마련하되, 좌우 여닫이문이 아닌 미닫이로 한다.
- 각 선반에는 그림 5.5와 같이 약품병의 전도를 막기 위해 선반의 전면 하부에 수 cm 폭의 나무나 파이프로 만든 문창살을 붙인다.
- 병과 병 사이에는 패킹이나 폴리에틸렌 용기를 채워 빈틈이 생기지 않도록 한다. 병에 안전망을 씌워 두는 것도 유효하다.

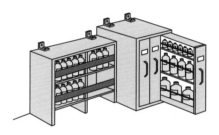

그림 5.5 약품 선반과 약품 캐비닛의 일례

금속 알칼리, 유기 금속, 황린 등 자연 발화하기 쉬운 약품이 들어간 병은 칸막이가 있는 측정 용기에 보관하거나 모래를 넣은 스테인리스 상자에 넣어 금고 안에 보관한다.

약품류는 필요 최소량을 구입하고 무거운 것일수록 약품 선반 아래에 둔다. 만일 파손되어 서로 섞였을 경우에도 위험한 화학반응을 일으키지 않게 분류·분리해 보관한다. 사용 후의 약품병은 실험대 위에 방치하지 말고 원래의 선반에 갖다 놓는다. 특히 드래프트 내에 위험 약품을 방치해서는 안 된다. 또 방독 마스크, 공기 호흡기를 상비한다.

폐액이라고 해도 위험물이나 마찬가지이므로 약품류와 동일하게 취급할 필요가 있다. 용기의 뚜껑이나 마개는 사용 시 이외는 닫을 것. 또 낡은 용기를 이용하지 않고 용기나 보관고는 전도하지 않도록 조치를 취해 바닥 밑에 침투하지 않는 장소에 보관해야 한다.

5.2.4 유리 기구와 시료

- 증류 등 사용 중인 유리 기구는 제대로 실험대 혹은 건물의 고정된 프레임에 수납해야 한다.
- 선반에 보관해 두는 경우도 약품의 경우와 같이 미닫이가 있는 선반에 넣어 빈틈없게 패킹해 둔다.
- 선반용 판자 사이에 공간이 없게 폭넓은 선반용 판자를 이용한다.
- 약품 선반과 마찬가지로 사용 후에는 반드시 미닫이를 닫아 둔다.

5.2.5 측정 기기

- 기기류는 미끄러지기 쉬운 콘크리트대 위에 직접 두지 않고 고무 매트를 깔거나 지지부의 다리에 고무를 씌워 둔다.
- 또는 고정대의 주위를 조금 높게 하거나 실족 방지 도구를 붙인다(그림 5.6).
- 정밀 기기의 경우는 지진 후에 재검사할 필요가 있다.

지진이 발생하면 무거운 것일수록 잘 움직인다. 바퀴가 달린 기기는 지진 시에 폭주해 인사 사고의 원인이 되므로 브레이크를 걸어 놓는 등의 조치가 필요하다.

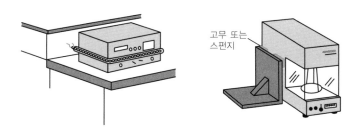

고무 또는
스펀지

그림 5.6 소형 기기의 낙하 방지 일례

5.2.6 소화

강한 지진이 일어나면 바닥 위에 약품이 유출하고, 낙하물이 산란되어 있기 때문에 일반 화학 실험실 내 화재보다 소화가 훨씬 곤란하다. 흔들림이 격렬하면 발화 장소를 확인하는 것조차 불가능할 수 있다. 따라서 평소 이에 대비하는 마음가짐과 적절한 정리 · 정돈이 중요하다.

강진이 발생하면 정전 · 단수가 되므로 전원이 자동적으로 배터리로 바뀌는 장치로 해 두는 것이 바람직하다. 적어도 손전등은 준비해 두어야 한다. 긴급 소화용 수조도 확보해 둔다. 물은 다량을 가능한 한 한번에 붓는 것이 좋다. 화학 기포 소화기는 지진 시에 전도해 내용물이 방출하지 않게 제대로 소정의 위치에 고정해 둔다. 이를 생각하면 소화기는 분말, 기계 기포, 강화액 소화기가 좋다.

산란한 낙하물은 소화 작업에 방해가 되므로 책장, 캐비닛, 로커류 등은 벽에 밀착시켜 제대로 고정한다. 옆 방끼리 벽을 사이에 두고 책꽂이를 고정하는 것도 좋다. 또 책장 등은 복도에 두지 말고 책장, 캐비닛 위에 물건을 높게 쌓아올리지 않는 것도 중요하다.

> **삶 예** ◆ 바닥에 산란한 유기 화합물이 일제히 타올랐기 때문에 탄산가스 소화기는 무용지물에 가까웠다.

5.2.7 창고의 활용

사용하지 않는 기기 · 시약을 창고에 정리, 격납해 일괄 관리하면 지진 등에 대한 대책을 세우는 것이 용이하고 인사사고를 크게 줄일 수 있다. 창고의 면적을 확대하는 것은 안전 대책을 생각하는 데 중요하다.

5.2.8 피난 장소의 설치

지진 시 피난할 장소를 마련해 주지시킬 필요가 있다. 실험실 내에서는 입구와 가까운 장소에, 또 같은 층 사람에게는 계단에 가까운 장소에, 건물별로는 출입구와 가까운 장소에 집결 장소를 마련해 흔들림이 약할 때 순서대로 피난 장소를 찾아 피할 수 있도록 한다. 피난 장소에는 전도하여 낙하하는 것이 없도록 해 두고 소화기나 방호 도구도 설치해 두면 좋다.

5.2.9 피난 훈련

지진이 발생해 실험실로부터 피난할 때는 화재가 일어나지 않을 정도의 최소한의 조치를 취해야 한다. 자신이 사용하는 가스와 전기를 끄고 고온체 및 가연물은 조치를 취한 후 정해진 피난로를 통해 안전한 지대로 집결한다. 평소에 훈련해 두는 것이 필요하다.

사고 예

◆ 헬멧이 모두에게 배포되지 않았다.

◆ 재해 발생 시의 연락 의무가 주지되어 있지 않았고, 건물 내에 인원이 남아 있는지도 확인할 수 없었다.

◆ 약품의 산란이나 고압가스의 누설, 옥상 탱크의 누수, 책장의 전도나 서적의 산란 등이 일어나 2차 피해 발생이 우려되었기 때문에 피난 직후부터 전기, 수도, 가스의 공급을 차단하고 건물 출입을 원천 금지했다.

◆ 자신의 짐을 가지러 건물 안으로 들어가고 싶어 하는 사람이 있었지만 대응 방침이 없었다.

◆ 정전 시에 전화 시스템이 정지해 연락을 할 수 없는 상태가 이어졌다.

◆ 옥외 피난 후의 행동, 특히 해산 지시를 연락하는 데 시간이 걸려 일부 피난자가 추운 야외에서 오래 기다렸다(※토호쿠대학 「동일본 대지진 기록집」).

찾아보기

159

161

사고 예방과 응급 처치 요령

안전한 화학 실험을 위한 수칙

2019. 9. 9. 초 판 1쇄 인쇄
2019. 9. 18. 초 판 1쇄 발행

지은이 | 화학동인
옮긴이 | 오승호
펴낸이 | 이종춘
펴낸곳 | BM (주)도서출판 성안당

주소 | 04032 서울시 마포구 양화로 127 첨단빌딩 3층(출판기획 R&D 센터)
10881 경기도 파주시 문발로 112 출판문화정보산업단지(제작 및 물류)

전화 | 02) 3142-0036
031) 950-6300

팩스 | 031) 955-0510
등록 | 1973. 2. 1. 제406-2005-000046호
출판사 홈페이지 | **www.cyber.co.kr**
ISBN | 978-89-315-8829-3 (13430)
정가 | 25,000원

이 책을 만든 사람들
책임 | 최옥현
진행 | 김혜숙
본문 디자인 | 김인환
표지 디자인 | 박원석
홍보 | 김계향
국제부 | 이선민, 조혜란, 김혜숙
마케팅 | 구본철, 차정욱, 나진호, 이동후, 강호묵
제작 | 김유석

www.cyber.co.kr ★★★
성안당 Web 사이트

■ **도서 A/S 안내**

성안당에서 발행하는 모든 도서는 저자와 출판사, 그리고 독자가 함께 만들어 나갑니다.
좋은 책을 펴내기 위해 많은 노력을 기울이고 있습니다. 혹시라도 내용상의 오류나 오탈자 등이 발견되면 "좋은 책은 나라의 보배"로서 우리 모두가 함께 만들어 간다는 마음으로 연락주시기 바랍니다. 수정 보완하여 더 나은 책이 되도록 최선을 다하겠습니다.
성안당은 늘 독자 여러분들의 소중한 의견을 기다리고 있습니다. 좋은 의견을 보내주시는 분께는 성안당 쇼핑몰의 포인트(3,000포인트)를 적립해 드립니다.

잘못 만들어진 책이나 부록 등이 파손된 경우에는 교환해 드립니다.